高职高专机电类“十二五”规划教材

AutoCAD 2011 上机指导与练习

(第二版)

主编 徐亚娥

参编 冯岩 王美蓉 刘明玺

主审 郭平

西安电子科技大学出版社

内 容 简 介

本书以大量的机械图样为实例，由浅入深、循序渐进地介绍了用 AutoCAD 2011 软件绘制机械图样的方法与技巧。

全书共分七章，内容分别为 CAD 基本操作、二维平面图形的绘制、轴测图的绘制、三维立体图形的绘制、标准件与零件图的绘制、零件图的尺寸和技术要求的标注以及装配图的绘制。绘图内容与机械制图内容相适应。

本书可作为 AutoCAD 课程的辅助参考书、课后上机实训的指导书，也适合于高职高专学校的师生及有关工程技术人员使用。对于自学 AutoCAD 的读者，本书也是一本较为实用的上机练习指导书。

图书在版编目（CIP）数据

AutoCAD 2011 上机指导与练习 / 徐亚娥主编. —2 版.

—西安：西安电子科技大学出版社，2012.7 (2013.6 重印)

高职高专机电类“十二五”规划教材

ISBN 978-7-5606-2832-5

Ⅰ. ① A…　Ⅱ. ① 徐…　Ⅲ. ① 机械制图—计算机制图—AutoCAD 软件—高等职业教育—教学参考资料　Ⅳ. ① TH126

中国版本图书馆 CIP 数据核字（2012）第 130362 号

策　　划　毛红兵

责任编辑　孟秋黎　毛红兵

出版发行　西安电子科技大学出版社（西安市太白南路 2 号）

电　　话　(029)88242885　88201467　邮　　编　710071

网　　址　www.xduph.com　　电子邮箱　xdupfxb001@163.com

经　　销　新华书店

印刷单位　西安文化彩印厂

版　　次　2012 年 8 月第 2 版　2013 年 6 月第 4 次印刷

开　　本　787 毫米×1092 毫米　1/16　印张 6.5

字　　数　144 千字

印　　数　11 001～14 000 册

定　　价　10.00 元

ISBN 978 – 7 – 5606 – 2832 – 5 / TH・0126

XDUP 3124002-4

高职高专机电类“十二五”规划教材
编委会名单

前　言

本书是根据21世纪高职高专院校的培养目标及学生的特点，以及高职高专机械制图及计算机绘图课程的教学要求，根据教学改革实践，由具有丰富教学经验的一线教师总结多年教学经验编写而成。

本书第一版出版以来，以其图例选择典型实用、画图步骤条理清楚、针对上机操作实用性强的特点赢得广大读者的欢迎。本次再版根据教师及学生反馈意见和作者几年的使用经验作了以下调整及修订：

1．将原书计算机绘图软件AutoCAD 2006版本升级为AutoCAD 2011版本。

2．对原书中出现的个别不足及错误作了修改。

3．为使教学更接近实际、内容更加完善，增加了零件图尺寸技术要求标注、二维平面图形、三维立体图与装配图等内容。

作者在编写本书时充分考虑了国家关于改革高职高专培养模式的情况，注重实用性、针对性、专业性、可操作性，突出实践能力的培养，遵循“以应用为目的，以必需、够用为度”的原则。全书以机械制图体系为主线，将有关的机械制图知识贯穿到CAD绘图中，并通过典型机械图样图例的指导及与所指导内容相配套的练习，使计算机绘图的学习与机械图样的绘制有机结合，便于读者掌握用AutoCAD 2011软件绘制机械图样的方法。

本书具有如下特点：

1．实用性强。针对上机实战，以图形绘制过程为顺序，画图步骤清楚，分步展现出图形的变化，直观性强，又有操作注意点，图例典型实用，有针对性地巩固CAD基本命令、基本操作方法。

2．结构清晰，语言通俗。本书按照实例→知识点→步骤→注意点的思路安排，符合操作思维过程，可以帮助读者非常轻松地绘制出所要求的图例，达到技能培养的目的。

3．专业性强。在内容编排上紧扣AutoCAD教材内容与机械制图内容，将机械制图知识与CAD知识融于一体，实例及练习取材全部来自作者多年在教学中收到良好效果的机械图样，便于学生应用CAD软件绘制机械图样。

本书由西安铁路职业技术学院徐亚娥任主编，郭平任主审。徐亚娥编写了第一章、第三章、第四章、第七章，冯岩编写了第二章，刘明玺编写了第五章，王美蓉编写了第六章，全书由徐亚娥统稿。

由于编者水平有限，书中难免存在不妥之处，敬请读者批评指正。

作　者

2012年3月

第一版前言

目前，AutoCAD 各种版本的教科书非常多，大部分都是从基本操作到各个命令的执行过程的介绍，便于读者掌握 AutoCAD 基本命令的操作方法，但对于具体实例图样的绘制，却令初学者不知从何着手，而且与 AutoCAD 教材配套的上机练习指导书也相当少。

如何使初学者快速入门，掌握 AutoCAD 的绘图方法和技巧，如何应用 AutoCAD 的基本命令绘制出实际应用中的图样，这是本书编写的宗旨。本书以机械制图体系为主线，将有关的机械制图知识贯穿到 CAD 绘图中；以 AutoCAD 2006 版本为主，通过典型机械图样图例的绘制指导及与所指导内容相配套的练习，将计算机绘图的学习与机械图样的画法有机结合，使读者能更方便地应用 AutoCAD 软件进行机械图样的绘制与机械设计。

本书可作为上机练习的指导书，而且可与所有的 AutoCAD 课程配套使用，也可作为工程技术人员学习 CAD 技术的参考书。

本书是按图形绘制过程进行讲解的。对操作过程的讲解，既有详细的步骤，又有操作注意点。书中结合典型、实用的例图，有针对性地巩固 CAD 基本命令、基本操作方法，特别加强了三维图形的绘制操作，实例的设计具有很强的针对性和可操作性。

本书的编写特点是结构清晰、语言通俗、实例丰富，可使读者轻松地绘制出所要求的图例，达到技能培养的目的。

本书在编排上紧扣 AutoCAD 教材内容与机械制图内容，将机械制图知识与 CAD 知识融于一体，每一实例都明确指出所需知识点。书中实例及练习的取材全部来自作者多年在教学中收到良好效果的图例，对学生具有较强的指导性。

本书由西安铁路职业技术学院徐亚娥主编，西安铁路职业技术学院郭平主审。全书共六章，其中第二章由西安铁路职业技术学院冯岩编写，第五章由西安理工大学高等技术学院孟令楠编写，徐亚娥编写了第一章、第三章、第四章和第六章，并对全书进行了整理。

由于编者水平有限，书中难免存在缺点和不足，敬请读者批评指正。

编　者

2006 年 12 月

目　录

第一章　CAD 基本操作

实例一　边框及标题栏的绘制

一、图例

本实例绘制图 1-1 所示图形。

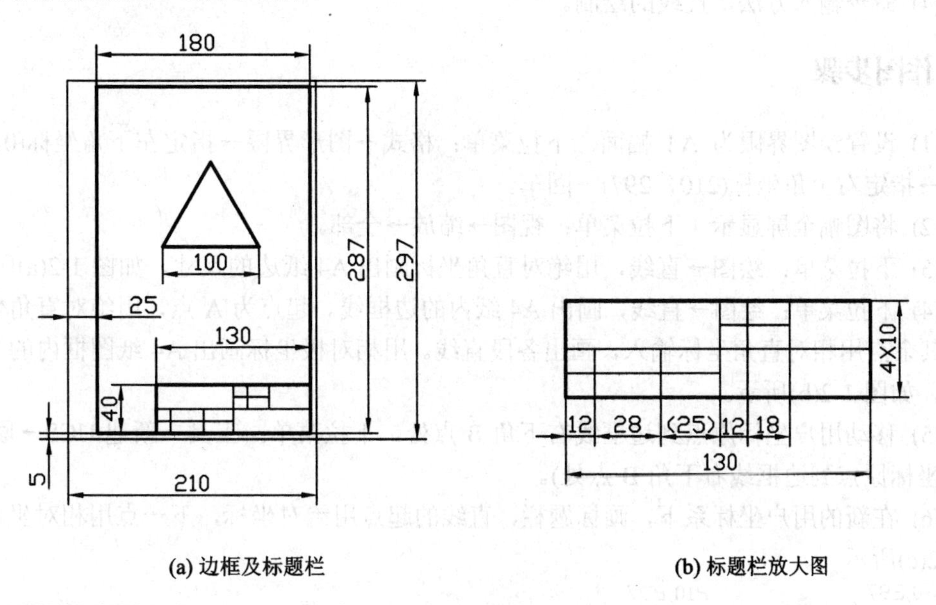

(a) 边框及标题栏　　(b) 标题栏放大图

图 1-1　基本操作图例

二、知识点

(1) 国家标准规定的图纸幅面的尺寸及格式；设置绘图界限的方法。

(2) 坐标系。包括笛卡尔坐标系、世界坐标系和用户坐标系。

笛卡尔坐标系：AutoCAD 中采用的是三维笛卡尔坐标系，当用户移动十字光标时，绘图界面底部的状态栏上就会显示出点的三维坐标值，这就是笛卡尔坐标系中的数值。其中 X 轴的正方向为水平向右，Y 轴的正方向为垂直向上，Z 轴的正方向为垂直于 XY 平面且指向操作者。

世界坐标系：简称 WCS，它是 AutoCAD 默认的基本坐标系，由相互垂直的 X、Y、Z

轴相交组成。世界坐标系的坐标原点(位于屏幕左下角)及坐标轴的方向都不会改变。在绘制二维图形时，用户输入或者指定点的 X、Y 坐标，系统都将自动定义 Z 轴的坐标值为 0。其中 X 轴的正方向为水平向右，Y 轴的正方向为垂直向上，Z 轴的正方向为垂直于 XY 平面且指向操作者。

用户坐标系：通常情况下，用户坐标系与世界坐标系是重合的。在绘图过程中，用户根据需要可以通过移动坐标系的原点位置、旋转坐标轴的方向来建立新的用户坐标系(简称 UCS)。

(3) 坐标的输入：在绘图过程中，用户通常用坐标输入准确指定点的位置。常用的输入坐标有绝对直角坐标、相对直角坐标和相对极坐标。

绝对直角坐标：以坐标原点为基准确定点的位置。在二维平面上绘图的格式为：X，Y。

相对直角坐标：以前一点为基准确定点的位置。在二维平面上绘图的格式为：@X，Y。

相对极坐标：以某一点相对于极点的距离和该点与极点的连线与 X 轴正方向所成夹角确定点的位置。绝对极坐标的极点为原点，相对极坐标的极点为上一个操作点。在二维平面上绘图的格式为：@距离<夹角。

(4) 命令输入方法，直线的绘制。

三、作图步骤

(1) 设置绘图界限为 A4 幅面。下拉菜单：格式→图形界限→指定左下角坐标(0，0)→回车→指定右上角坐标(210，297)→回车。

(2) 将图幅全屏显示。下拉菜单：视图→缩放→全部。

(3) 下拉菜单：绘图→直线，用绝对直角坐标画出 A4 纸边的尺寸，如图 1-2(a)所示。

(4) 下拉菜单：绘图→直线，画出 A4 纸内的边框线。起点为 A 点，用绝对直角坐标输入，其余点用相对直角坐标输入，画出各段直线。用相对极坐标画出 A4 纸图框内的等边三角形，如图 1-2(b)所示。

(5) 移动用户坐标原点到边框线右下角 B 点处。下拉菜单：工具→新建 UCS→原点(指定新坐标原点到边框线右下角 B 点处)。

(6) 在新的用户坐标系下，画标题栏，直线的起点用绝对坐标，下一点用相对坐标，如图 1-2(c)所示。

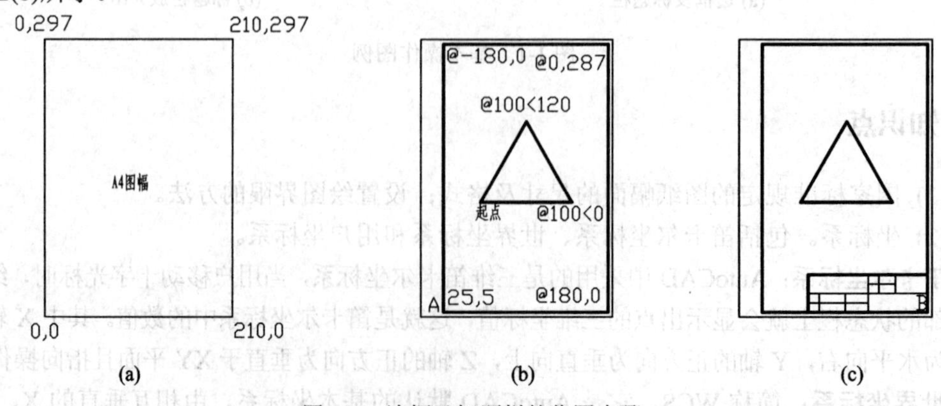

图 1-2　边框及标题栏的作图步骤

四、注意点

(1) 输入相对坐标时，首先输入符号“@”。

(2) 输入相对直角坐标时，还要判断下一点与上一操作点之间的相对位置关系来决定坐标值的正负。

(3) 图框内的等边三角形画法用的是相对极坐标，注意其与相对直角坐标的区别。

(4) 直线的绘制还可用直接给出距离的方法，此时，需打开极轴追踪开关。

(5) 在 AutoCAD 2011 中，可用插入表格的方法绘制标题栏。

(6) 本步骤是在 AutoCAD 2011 经典工作空间下进行操作的。

实例二　图案填充与文字标注

一、图例

本实例绘制如图 1-3 所示图形。

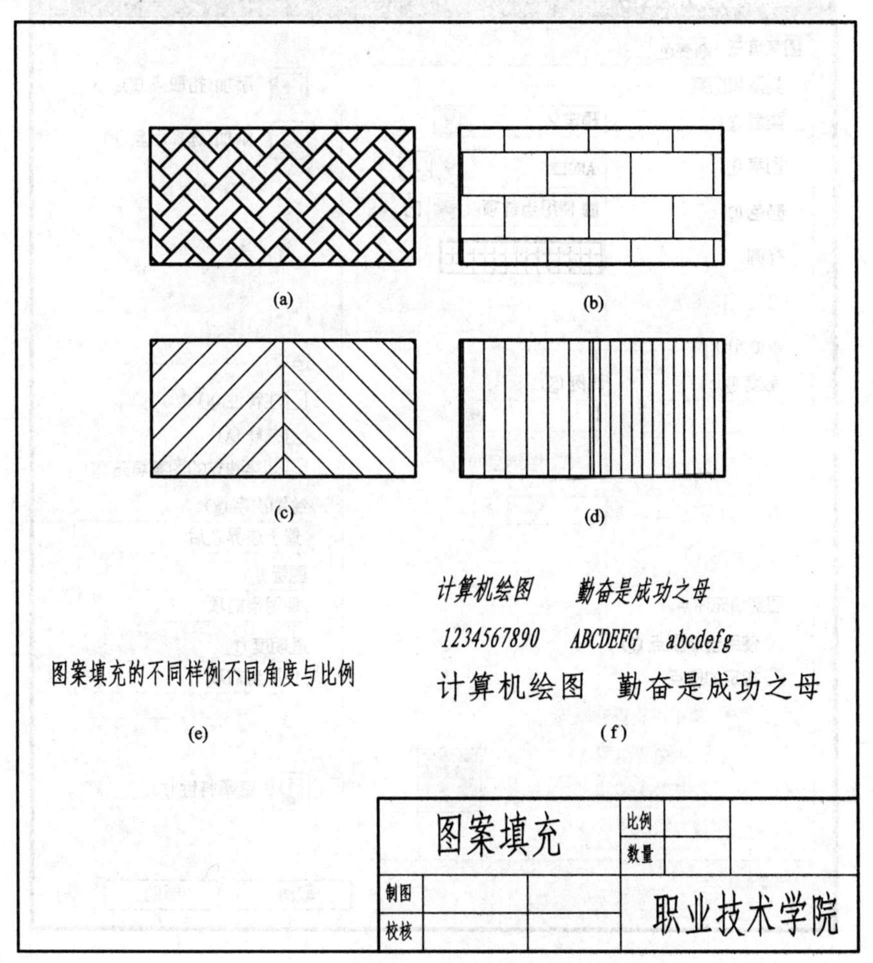

图 1-3　图案填充和字体图例

二、知识点

(1) 国家标准规定的制图字体，设置文字样式与文字注写方法。
(2) 图案的选定及图案填充方法。

三、作图步骤

(1) 设置绘图界限为 A4 幅面，全屏显示，画边框及标题栏。
(2) 下拉菜单：绘图→图案填充(出现“图案填充和渐变色”对话框，如图 1-4 所示)→在“图案填充”选项卡下，将光标移至“样例”框中，单击左键(出现“填充图案选项板”对话框)→在该对话框的各选项卡下的图案中选择其一→确定(再次显示“图案填充和渐变色”对话框)→单击“添加：拾取点”按钮→在要填充的区域内单击左键→回车(再次显示“图案填充和渐变色”对话框)→确定。

图 1-4 “图案填充和渐变色”对话框

(3) 在“图案填充和渐变色”对话框中，可在选择图案后改变角度及比例的值，其填充后的效果如图 1-3(a)、(b)、(c)、(d)所示。

(4) 创建文字样式。下拉菜单：格式→文字样式(出现“文字样式”对话框，如图 1-5 所示)→点击“新建”按钮(在“新建文字样式”对话框的“样式名”框内输入字体名称“制图字体”，如图 1-6 所示)→确定。

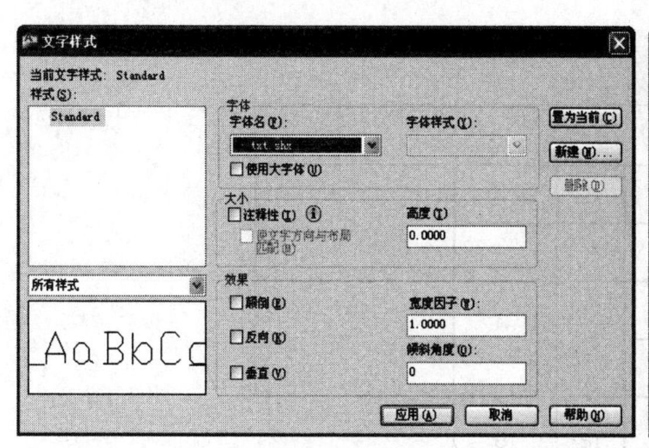

(a)

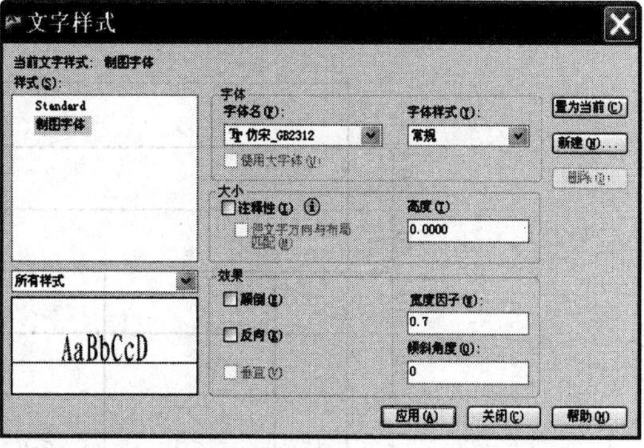

(b)

图 1-5　“文字样式”对话框

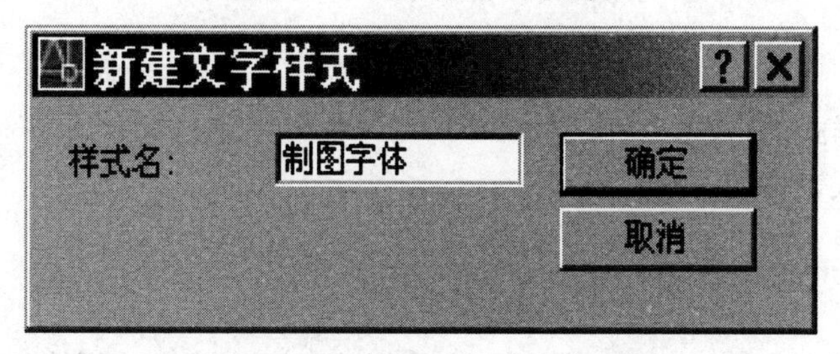

图 1-6　“新建文字样式”对话框

(5) 返回“文字样式”对话框，在其中的“字体名(F)”下拉列表中选择“T 仿宋_GB2312”字体，在宽度因子编辑框中输入 0.7，其它缺省→应用→关闭，如图 1-5(b)所示。

(6) 下拉菜单：绘图→文字→多行文字→指定第一角点→指定对角点，出现“文字格式”和“文字输入”窗口(在“文字格式”窗口中指定文字高度，在“文字输入”窗口中输入文字)→确定。所选字体样式见图 1-3(e)及标题栏中的字体，其它文字样式如图 1-3(f)所示。

四、注意点

(1) 用户可以根据绘图的需要设置字体样式。

(2) 绘制机械图样时，金属材料的剖面符号选择 ANSI31 的图案。

(3) 图案只能在封闭边界内填充。

实例三　表 格 绘 制

一、图例

本实例绘制图 1-7 所示图形。

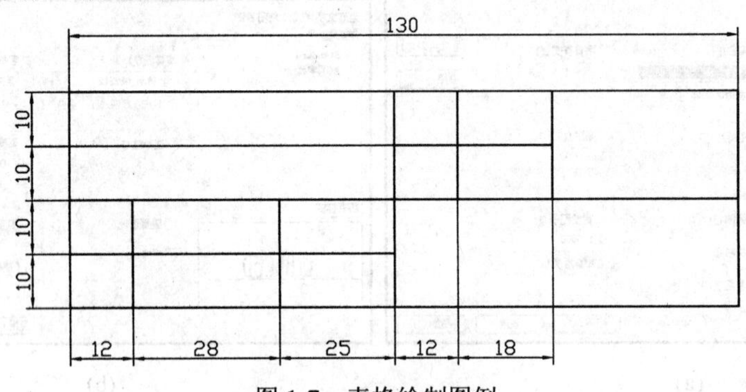

图 1-7　表格绘制图例

二、知识点

(1) 创建表格样式的方法。

(2) 编辑和插入表格的方法。

三、作图步骤

(1) 创建表格样式。下拉菜单：格式→表格样式，出现“表格样式”对话框，如图 1-8 所示。

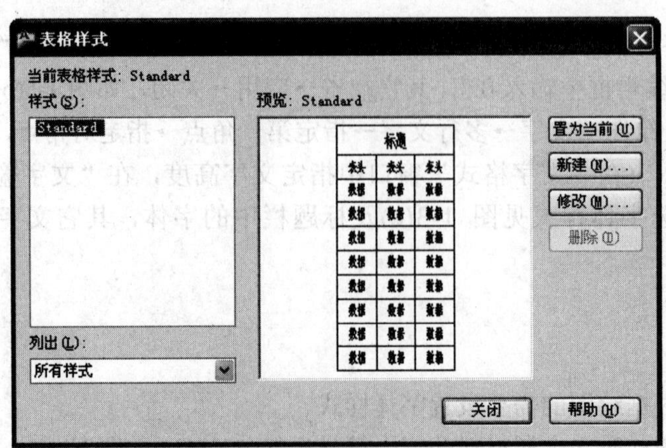

图 1-8　“表格样式”对话框

在“表格样式”对话框中，单击“新建”按钮，出现如图 1-9 所示的“创建新的表格样式”对话框。在该对话框的“新样式名”文本框中输入名称 B1，单击“继续”按钮，则弹出图 1-10 所示的“新建表格样式：B1”对话框。在该对话框中的“单元样式”下，分别对标题、表头、数据选项设置常规、文字、边框的特性→确定，并将 B1 样式置为当前。

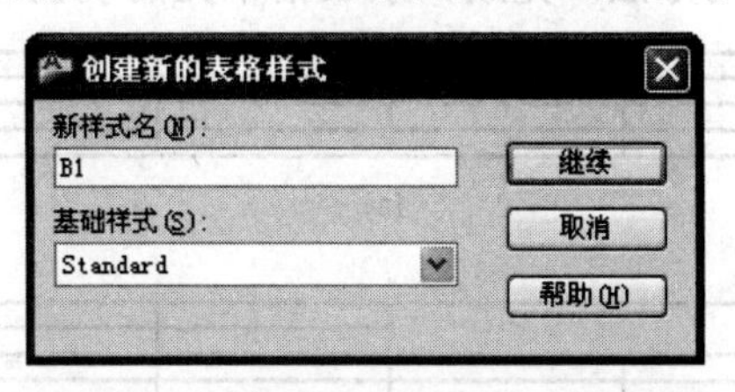

图 1-9 “创建新的表格样式”对话框

图 1-10 “新建表格样式”对话框

(2) 插入表格。下拉菜单：绘图→表格，出现“插入表格”对话框，如图 1-11 所示。

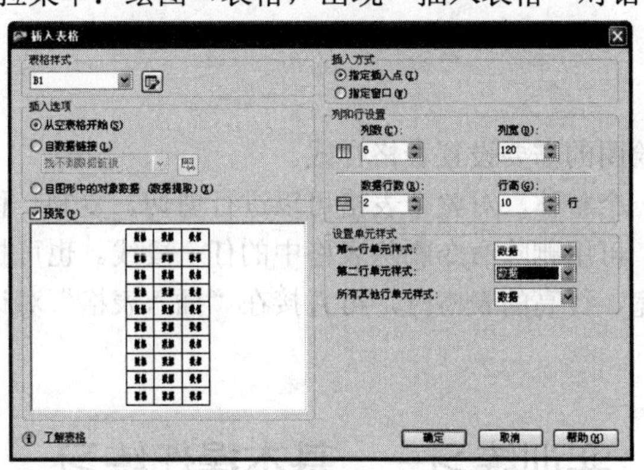

图 1-11 “插入表格”对话框

在“插入表格” 对话框中，设置“列数”为 6，“数据行数”为 2，选择“指定插入点”方式插入表格，并将“设置单元样式”下的“第一行单元样式”和“第二行单元样式”都设为数据，“所有其他行单元样式”也设为数据。单击“确定”按钮。在返回的绘图窗口中，指定插入点，完成表格插入，如图 1-12(a)所示。

(3) 编辑表格。按下鼠标左键选择 1、2 行前三列表格单元，注意选择时在表格内选范围不要压线条，然后单击右键，弹出快捷菜单→合并→全部，如图 1-12(b)所示。用同样的方法完成图 1-12(c)所示表格单元的合并。

(4) 设置表格大小。选择左上角第一个表格单元→右击鼠标→特性→设置单元宽度为65，单元高度为20。用同样的方法，完成其余表格单元的设置，如图1-12(d)所示。

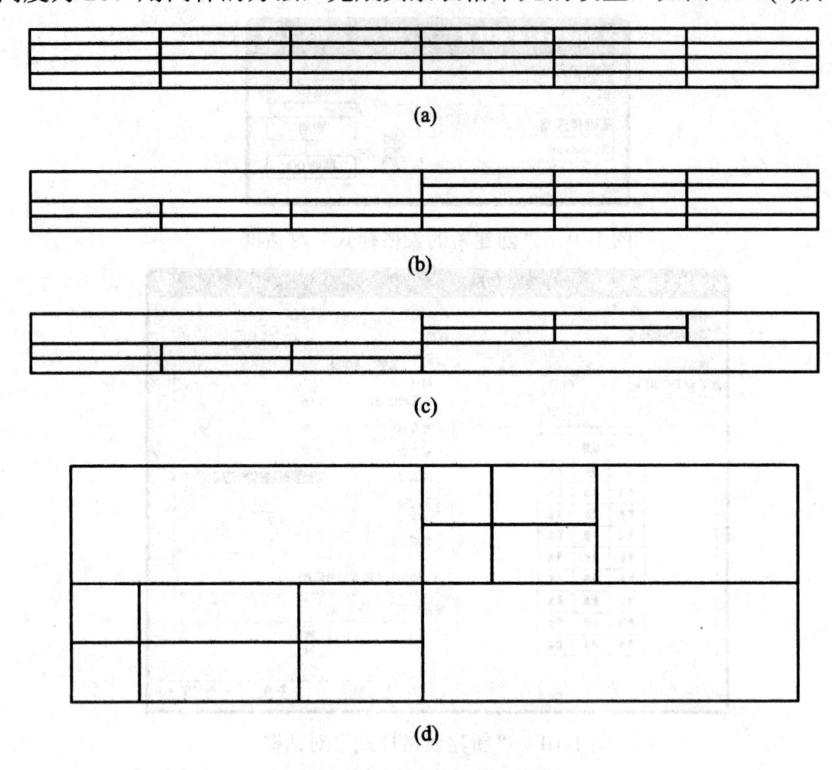

图1-12 表格的绘制步骤

四、注意点

(1) 用户可以根据绘图的需要设置表格样式。

(2) 插入的表格为一个整体，对整个表格可以进行剪切、复制、移动、缩放等操作。

(3) 将表格分解后，可用删除命令删除表格中的任一段线。也可执行修剪操作。

(4) 当绘制均匀列宽、行高的表格时，可直接在“插入表格”对话框中输入列、列宽、数据行和行高的数值。

实训练习一 基本操作练习

一、练习目的

(1) 掌握用户坐标系的建立方法，熟悉用户坐标系原点的移动及坐标轴的旋转方法。

(2) 熟悉各种坐标点的输入方法。

(3) 掌握图形界限的设置、图幅的缩放方法，掌握图幅的概念。

(4) 掌握直线的绘制方法。

(5) 掌握文字样式的设置及文字的输入方法。

(6) 掌握图案填充方法。

二、练习要求

(1) 参照图例绘制图形，其中点的输入可用绝对直角坐标、相对直角坐标、相对极坐标的方法，也可用直接输入距离的方法。

(2) 按尺寸绘制图形。

三、练习图例

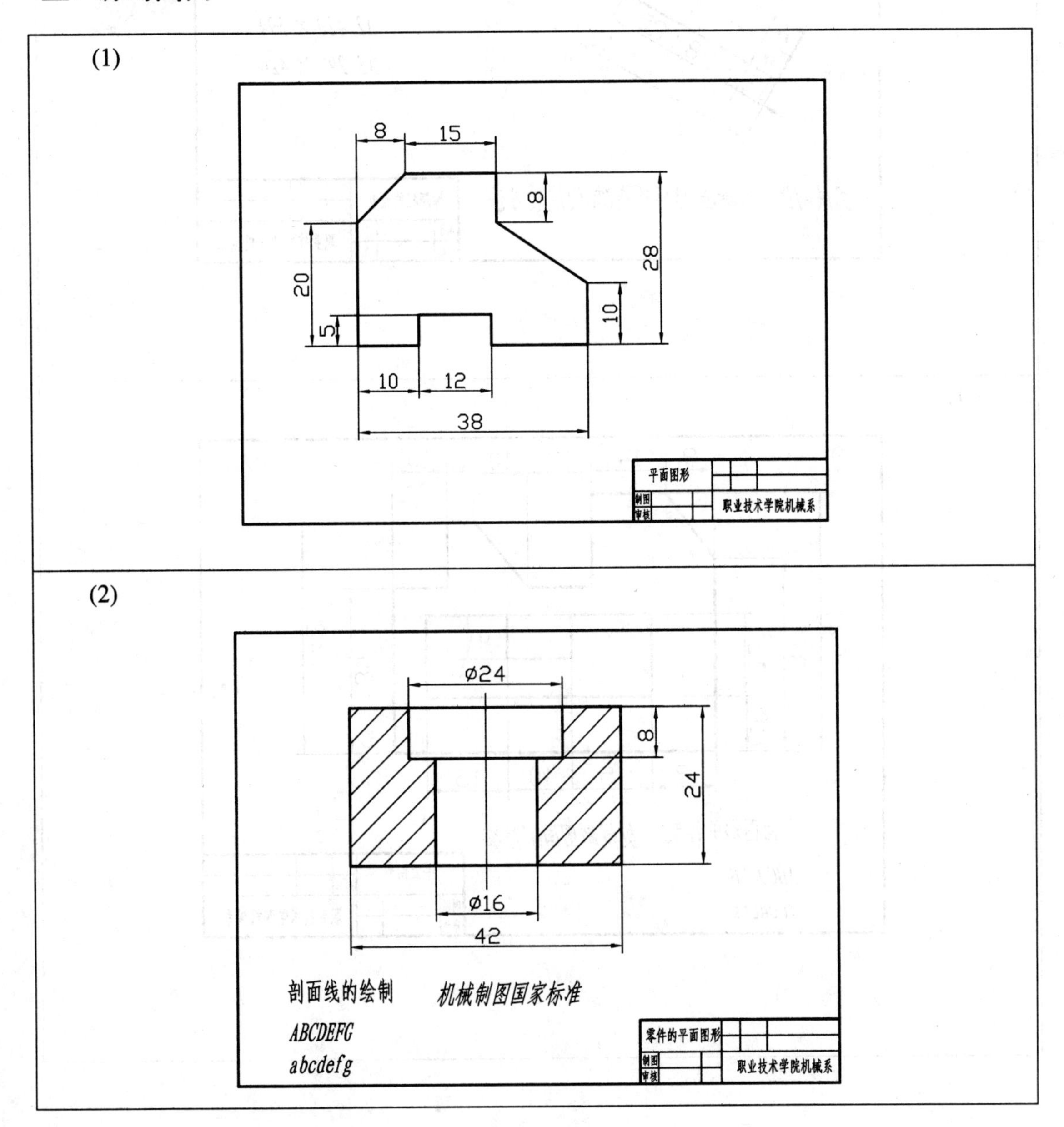

(3)

(4)

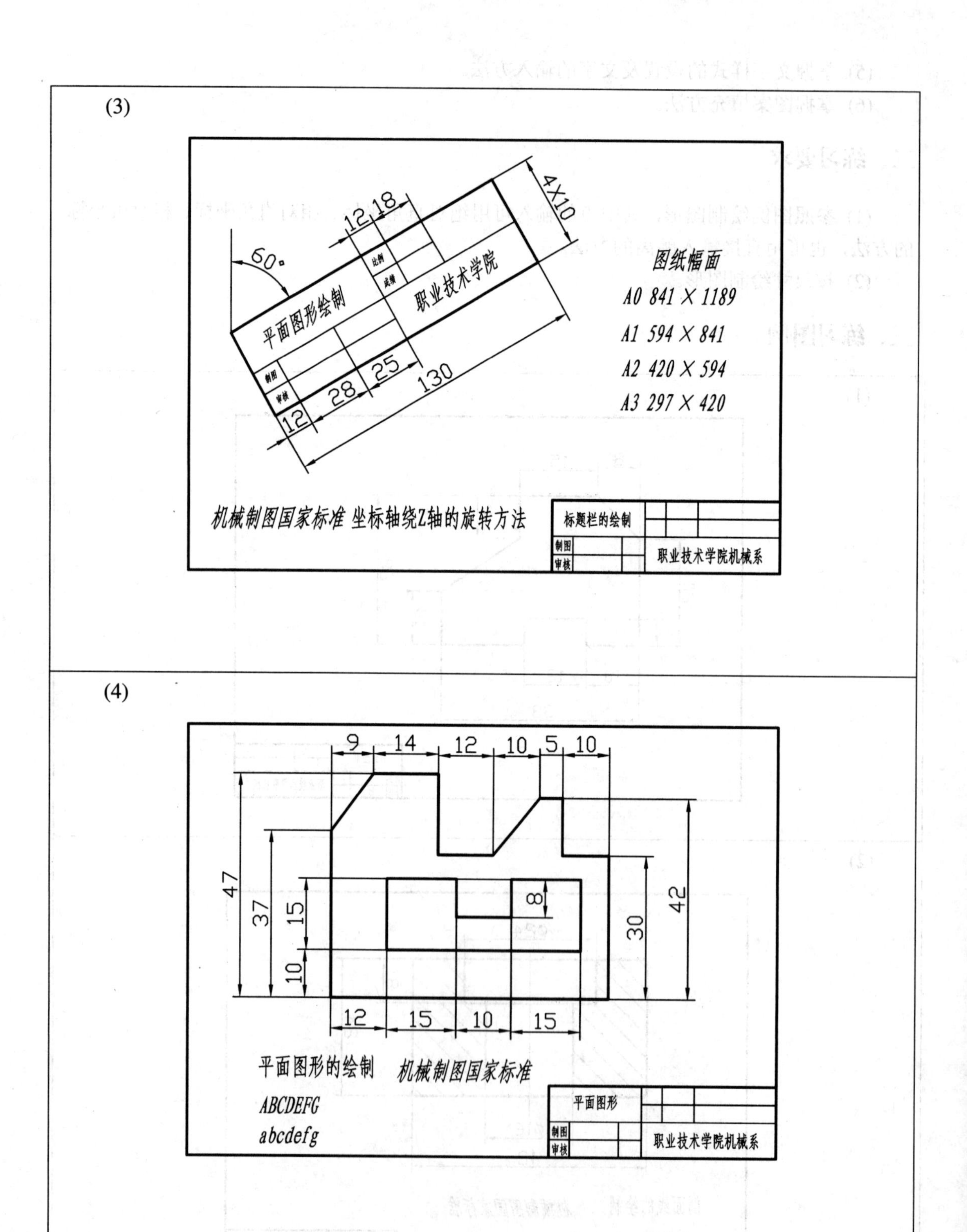

4X10
12
18
60°
比例
成绩
平面图形绘制
职业技术学院
制图
审核
25
28
12
130
图纸幅面
A0 841 X 1189
A1 594 X 841
A2 420 X 594
A3 297 X 420
机械制图国家标准 坐标轴绕Z轴的旋转方法
标题栏的绘制
制图
审核
职业技术学院机械系
9
14
12
10
5
10
47
37
15
10
8
30
42
12
15
10
15
平面图形的绘制
机械制图国家标准
ABCDEFG
abcdefg
平面图形
制图
审核
职业技术学院机械系

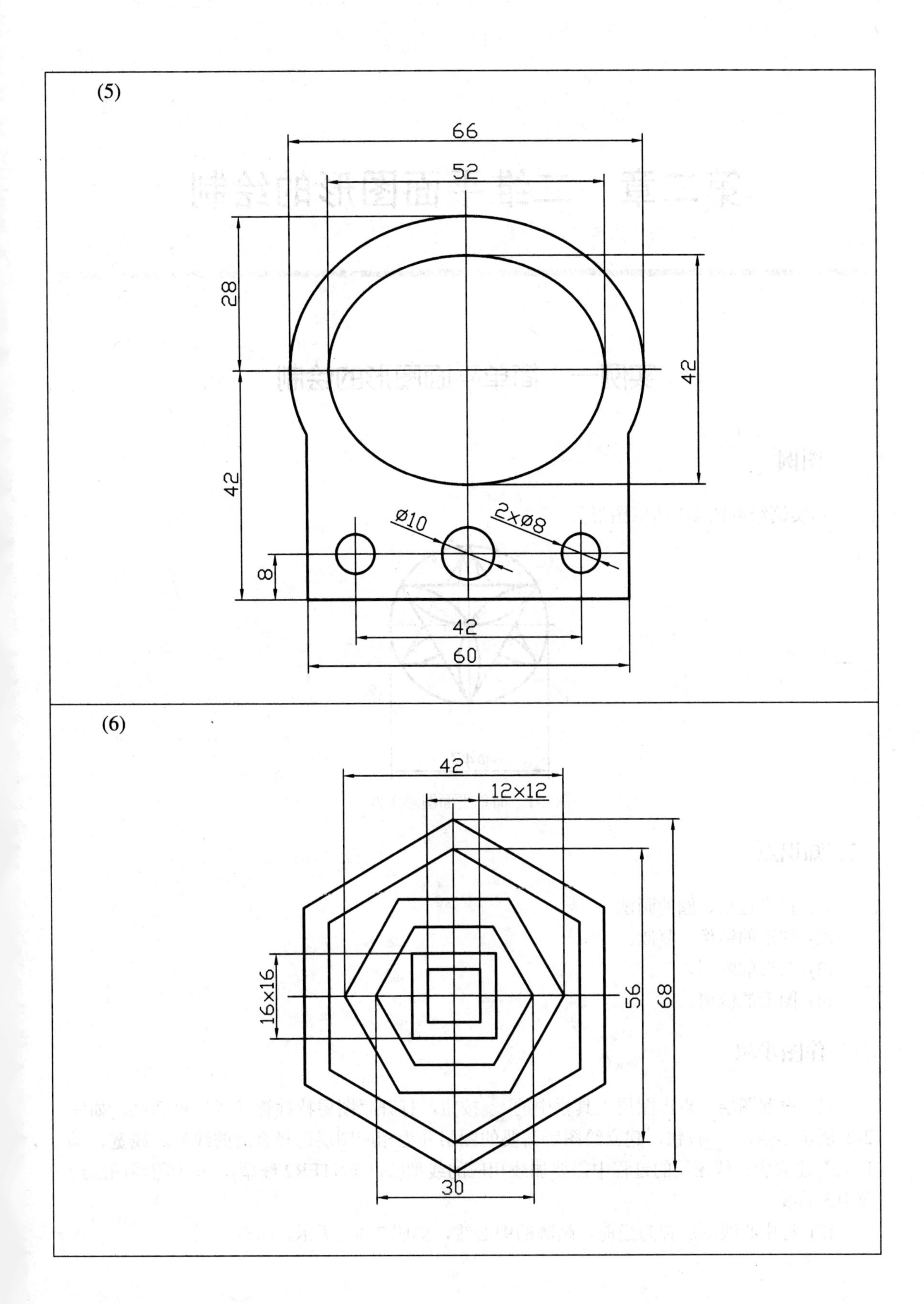
(5)
66
52
28
42
42
ø10
2×ø8
8
42
60
(6)
42
12×12
16×16
56
68
30

第二章　二维平面图形的绘制

实例一　简单平面图形的绘制

一、图例

本实例绘制图 2-1 所示图形。

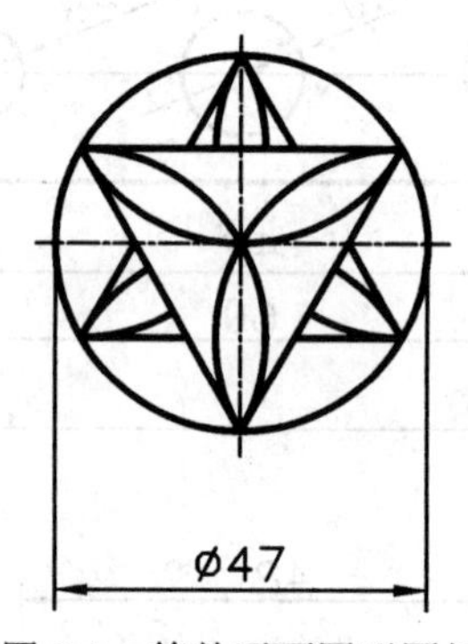

图 2-1　简单平面图形图例

二、知识点

(1) 正多边形、圆的画法。
(2) 图形的镜像、复制。
(3) 图形的阵列。
(4) 图形的修剪。

三、作图步骤

(1) 设置图层。点击图层工具栏中的按钮，打开“图层特性管理器”对话框，如图 2-2 所示。点击按钮，建立绘图所需要的图层并为相应图层选择合适的线型、线宽、颜色。在建立中心线图层的过程中需要加载相应的线型(如 CENTER2 线型)，并为粗线图层选择 0.5 的线宽。

(2) 将中心线图层置为当前，画圆的中心线，如图 2-3(a)所示。

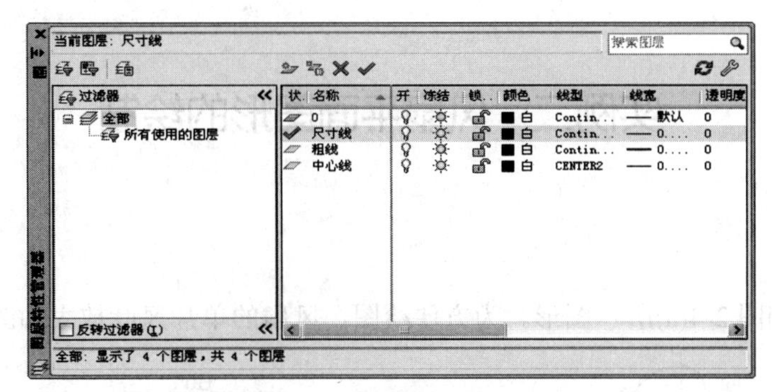

图 2-2 “图层特性管理器”对话框

(3) 将粗线图层置为当前。下拉菜单：绘图→圆→圆心、直径，绘制直径为 47 的圆，绘图→正多边形，画圆的内接正三边形，如图 2-3(b)所示。

(4) 下拉菜单：修改→镜像。将正三边形作关于水平中心线的镜像，如图 2-3(c)所示。

(5) 下拉菜单：修改→复制。复制直径为 47 的圆，如图 2-3(d)所示。

(6) 下拉菜单：修改→阵列→环形阵列。阵列出 6 个直径为 47 的圆，阵列中心及阵列后的效果如图 2-3(e)所示。

(7) 下拉菜单：修改→修剪。修剪多余的线条，绘图结果如图 2-3(f)所示。

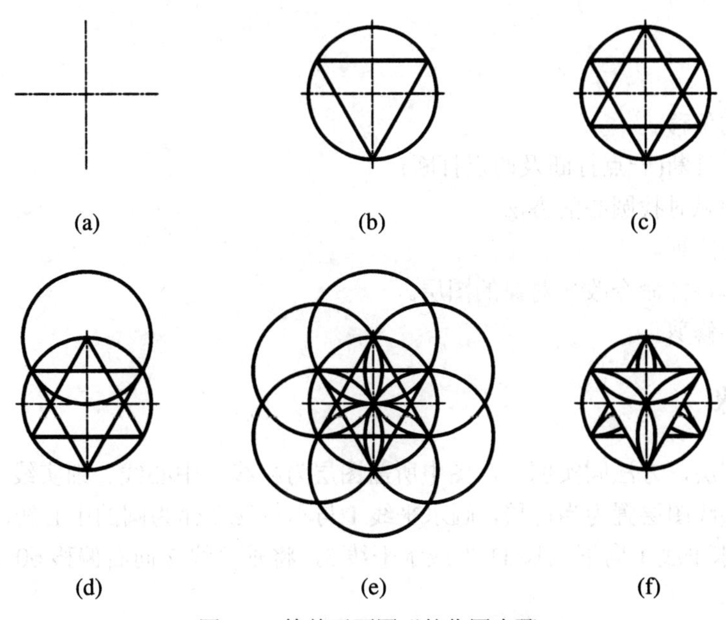

图 2-3 简单平面图形的作图步骤

四、注意点

(1) 绘图时注意正确使用对象捕捉，以确保作图的精确性。

(2) 画正三边形的时候，需打开正交模式或极轴开关。

(3) 选好镜像线的位置。

(4) 注意在使用修剪命令时要分别选择两种不同类型的对象，先选择修剪边界，然后按鼠标右键切换选择对象的种类。

实例二　风扇平面图形的绘制

一、图例

本实例绘制图 2-4(a)所示图形。为方便绘图，风扇的单片风叶放大如图 2-4(b)所示。

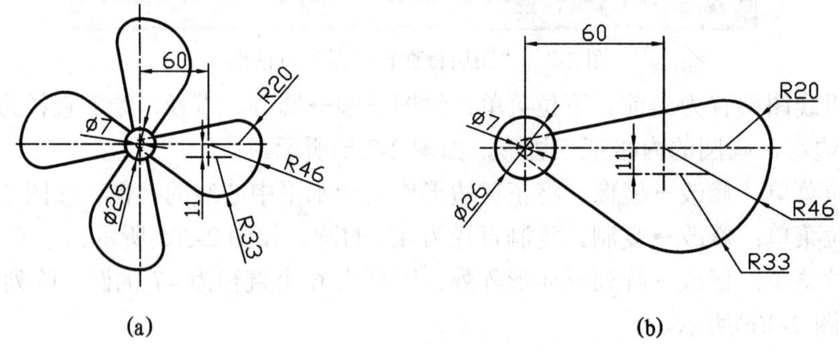

图 2-4　风扇的平面图形图例

二、知识点

(1) 图形的偏移。

(2) 图形的打断(一点打断及两点打断)。

(3) 连接圆弧时找圆心的方法。

(4) 图形的阵列。

(5) 用实体特性命令改变对象的图层。

(6) 图形的修剪。

三、作图步骤

(1) 设置图层，方法同实例一，图中所需图层为粗线、中心线、细实线、虚线图层。

(2) 将中心线图层置为当前层，画水平线 1 与垂直线 2 作为圆的中心线。下拉菜单：修改→偏移。将水平线 1 向下偏移 11 形成水平线 3，将垂直线 2 向右偏移 60 形成垂直线 4，如图 2-5(a)所示。

(3) 下拉菜单：修改→打断。将偏移出的中心线多余的部分去掉，如图 2-5(b)所示。

(4) 将粗实线层置为当前。下拉菜单：绘图→圆→圆心、半径，分别以 A 和 B 为圆心绘制 ϕ26、R46 的两个圆；将虚线层置为当前，绘制以 A 为圆心、ϕ7 的圆，如图 2-5(c)所示。

(5) 找 R20 和 R33 的圆心位置。由于 R20 的圆心在直线 1 上而该圆又与 R46 的圆相切(内切)，所以在细线层上作一个以 B 为圆心、半径为(46−20)(即 R26)的辅助圆，R26 圆与直线 1 的交点 C 即为 R20 的圆心；R33 的圆心在直线 3 上，该圆又与 R46 的圆相切(内切)，所以在细实线层上作一个以 B 为圆心、半径为(46−33)(即 R13)的辅助圆，R13 圆与直线 3 的交点 D 即为 R33 的圆心，如图 2-5(d)所示。

(6) 在粗线层上分别以 C、D 为圆心绘制出 R20 和 R33 两个圆。

(7) 在粗线层上用直线命令绘制 R20 和 R33 两圆与 ϕ7 圆的切线 5、6，如图 2-5(e)所示。

(8) 下拉菜单：修改→修剪，修剪多余的图线。用一点打断命令将直线 5、6 在其与圆 ϕ26 的交点 E、F 处打断，用实体特性(PROPERTIES)命令将圆 ϕ26 以内的那两段直线变到虚线图层上，将它们变成虚线，如图 2-5(f)所示。

(9) 下拉菜单：修改→阵列→环形阵列，将实线部分以 A 为中心进行环形阵列，如图 2-5(g)所示。

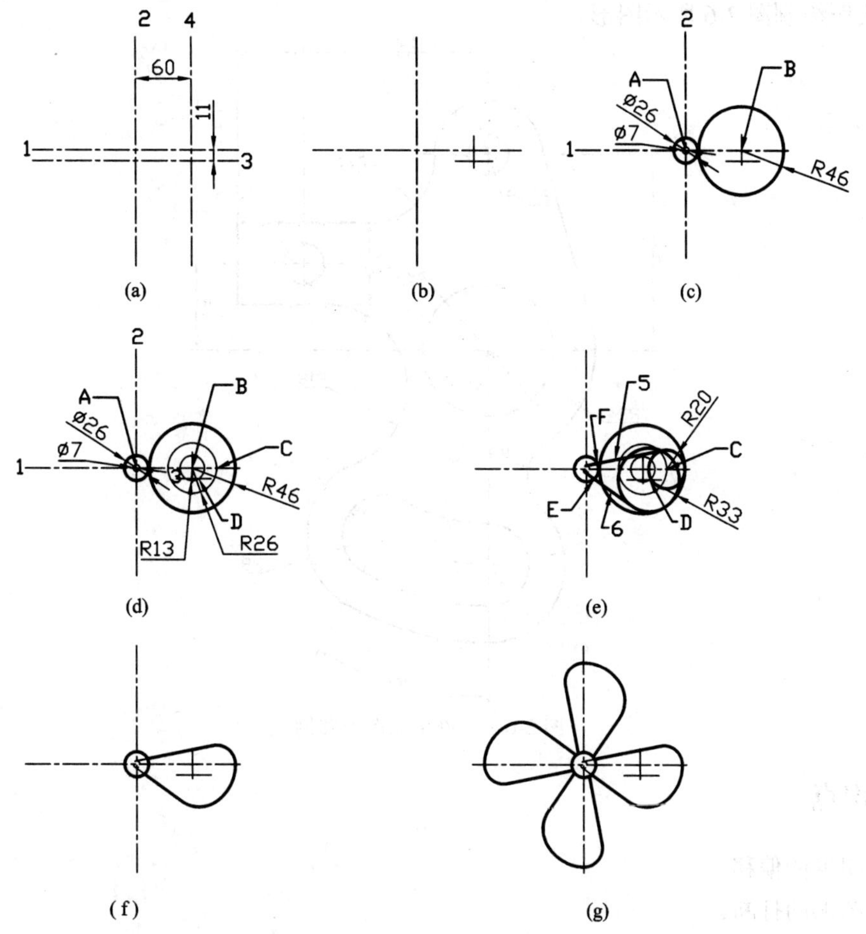

图 2-5　风扇的平面图形的作图步骤

四、注意点

(1) 绘制直线 5 和 6 时，注意使用对象捕捉中的切点捕捉方式，以确保作图的精确性。

(2) 在使用修剪命令时要分清楚所要修剪圆弧的修剪边界，可在一次修剪命令下完成多段圆弧的修剪。

(3) 区别一点打断与两点打断的适用场合和使用方法。

(4) 在细线图层上做出的辅助圆弧也可以不用删除，出图时只要将该图层关闭就可以了。

实例三　二维平面图形的绘制

一、图例

本实例绘制图 2-6 所示图形。

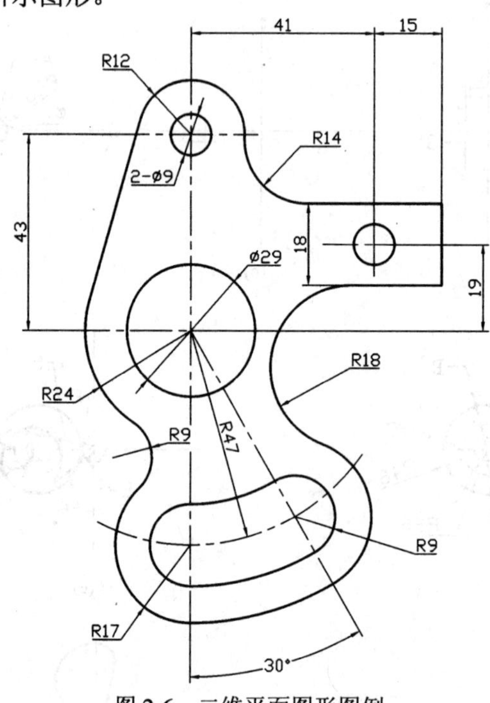

图 2-6　二维平面图形图例

二、知识点

(1) 图形的偏移。
(2) 图形的打断。
(3) 极轴的设置及使用。
(4) 连接圆弧的画法。
(5) 图形的修剪。

三、作图步骤

(1) 设置图层。

(2) 将中心线图层置为当前。画一条水平线与一条垂直线，用偏移命令将水平线向上偏移 43、19，将垂直线向右偏移 41，并用两点打断(Break)命令将偏移出的中心线多余的部分去掉。如图 2-7(a)所示。

(3) 右击状态行中的极轴追踪图标，将极轴的角增量选为 30°，用直线命令绘制与铅垂线夹角为 30° 的点画线。用圆弧(Arc)命令的圆心(C)方式在中心线图层绘制 R47 圆弧。如图 2-7(b)所示。

(4) 将粗实线图层置为当前。用圆(Circle)命令绘制 ϕ9、ϕ9、R12、ϕ29、R24、R17、R17 已知的圆，用圆弧(Arc)命令的圆心(C)方式绘制两段 R9 圆弧。用直线命令绘制三段粗实线。如图 2-7(c)所示。

(5) 右击状态行中的对象捕捉图标，点击“设置”(S…)，打开“草图设置”对话框，在对象捕捉选项卡下，点击“全部清除”按钮后，只打开切点捕捉，并打开启用对象捕捉。如图 2-8 所示。再用直线命令在圆 R12 附近捕捉 C 点并设为起点，在圆 R24 附近捕捉 D 点并设为终点，绘出与两圆相切的直线。如图 2-7(d)所示。

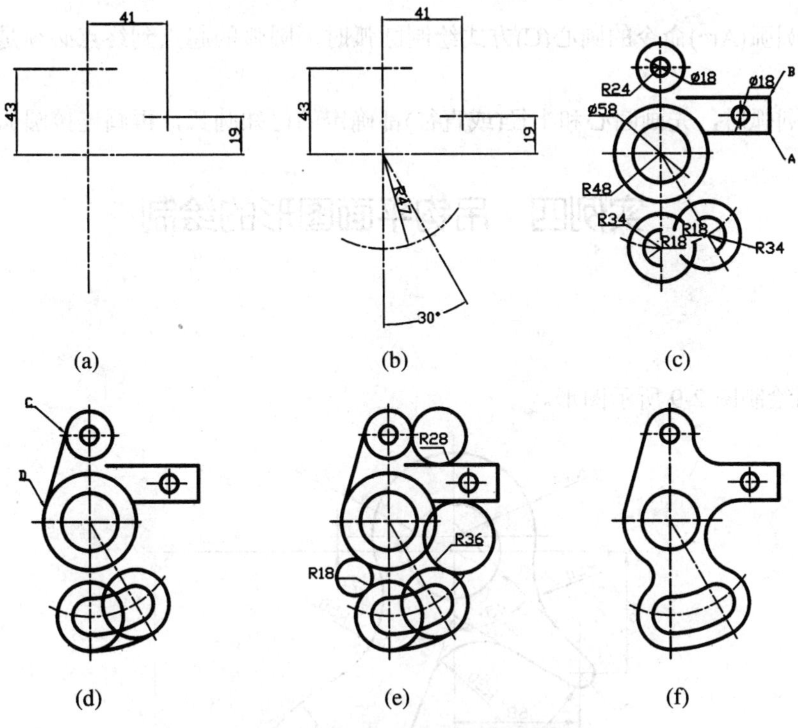

图 2-7　二维平面图形的作图步骤

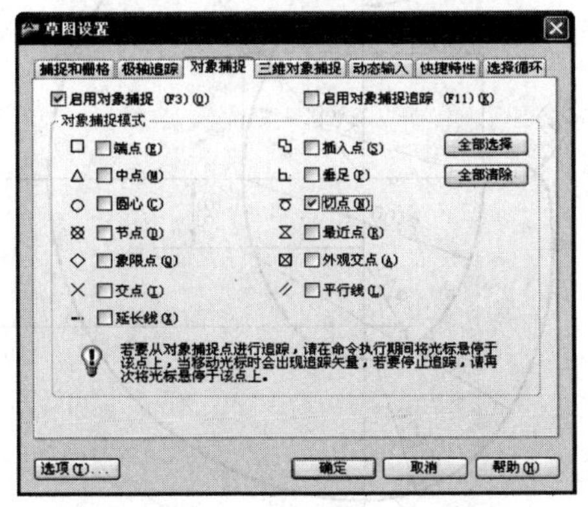

图 2-8　“草图设置”对话框

(6) 将粗线层置为当前，分三次执行圆(Circle)命令中相切、相切、半径选项。

① 绘制与 R17、R24 两个圆相切，半径为 9 的圆。

② 绘制与 R12 相切，并且与上水平粗实线相切，半径为 14 的圆。

③ 绘制一个与 R17 相切，并且与下水平粗实线相切，半径为 18 的圆。如图 2-7(e)所示。

(7) 用修剪(Trim)命令修剪多余的图线。如图 2-7(f)所示。

四、注意点

(1) 绘制直线确定端点 A、B 的位置时，注意运用对象捕捉和对象捕捉追踪两种方式来精确定位。

(2) 用圆弧(Arc)命令的圆心(C)方式绘制圆弧时，圆弧的起点到终点必须是按逆时针方向的顺序。

(3) 画圆弧时，先画圆心和半径(或直径)都确定的已知圆弧，再画连接圆弧。

实例四　吊钩平面图形的绘制

一、图例

本实例绘制图 2-9 所示图形。

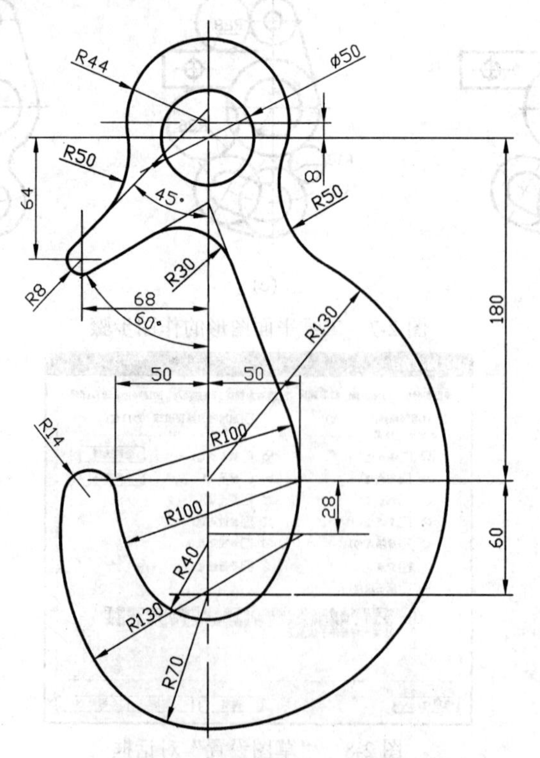

图 2-9　吊钩的平面图形图例

二、知识点

(1) 图形的偏移。

(2) 图形的打断(一点打断及两点打断)。

(3) 圆弧连接时找圆心的方法及连接画法。

(4) 图形的修剪。

(5) 极轴的设置及使用。

(6) 用实体特性命令改变对象的图层。

三、作图步骤

(1) 设置图层，方法同前。

(2) 将中心线层置为当前层，画一条水平线与一条垂直线。

下拉菜单：修改→偏移。按规定尺寸将水平线向上、下偏移共 5 次，将垂直线向左、右偏移共 3 次。

下拉菜单：修改→打断。将偏移出的中心线多余的部分去掉，如图 2-10(a)所示。

(3) 将粗实线层置为当前层。下拉菜单：绘图→圆→圆心、半径，画出 ϕ50、R44、R8、R130、R70、R100、R100 七个圆，如图 2-10(b)所示。

(4) 下拉菜单：绘图→圆→相切、相切、半径，绘制一个与 R44、R130 两个圆相切，半径为 50 的圆。

找左下边 R130 圆的圆心位置。由于 R130 的圆心在直线 1 上，而它又与 R70 的圆相切(内切)，所以在细线层上作一个与 R70 同心、半径为(130−70)(即 R60)的辅助圆，它与直线 1 的交点 A 即为 R130 的圆心，以 A 为圆心、R130 为半径画圆。

下拉菜单：绘图→圆→相切、相切、半径，绘制一个与 R100 和 R130 这两个圆相切、半径为 14 的圆，如图 2-10(c)所示。

下拉菜单：修改→修剪，修剪多余的图线，如图 2-10(d)所示。

(5) 画出与 R8 圆相切的两条切线 2、3。直线 3 与铅垂的点画线相交于 B 点，再从 B 点出发作圆 R100 的切线 4。

下拉菜单：绘图→圆→相切、相切、半径，绘制一个与 R44 和直线 2 相切、半径为 50 的圆。

下拉菜单：绘图→圆→相切、相切、半径，绘制一个与直线 3 和直线 4 相切、半径为 30 的圆。

下拉菜单：绘图→圆→相切、相切、半径，绘制一个与左、右 R100 都相切，半径为 40 的圆，如图 2-10(e)所示。

(6) 下拉菜单：修改→修剪，修剪多余的图线。

用一点打断命令将直线 2、3、4 在其与圆 R50、R30 的切点处打断，用实体特性(PROPERTIES)命令 将 C、D、E 三点与铅垂的点画线之间的那三段直线变到细线图层上，将它们变成细实线，如图 2-10(f)所示。

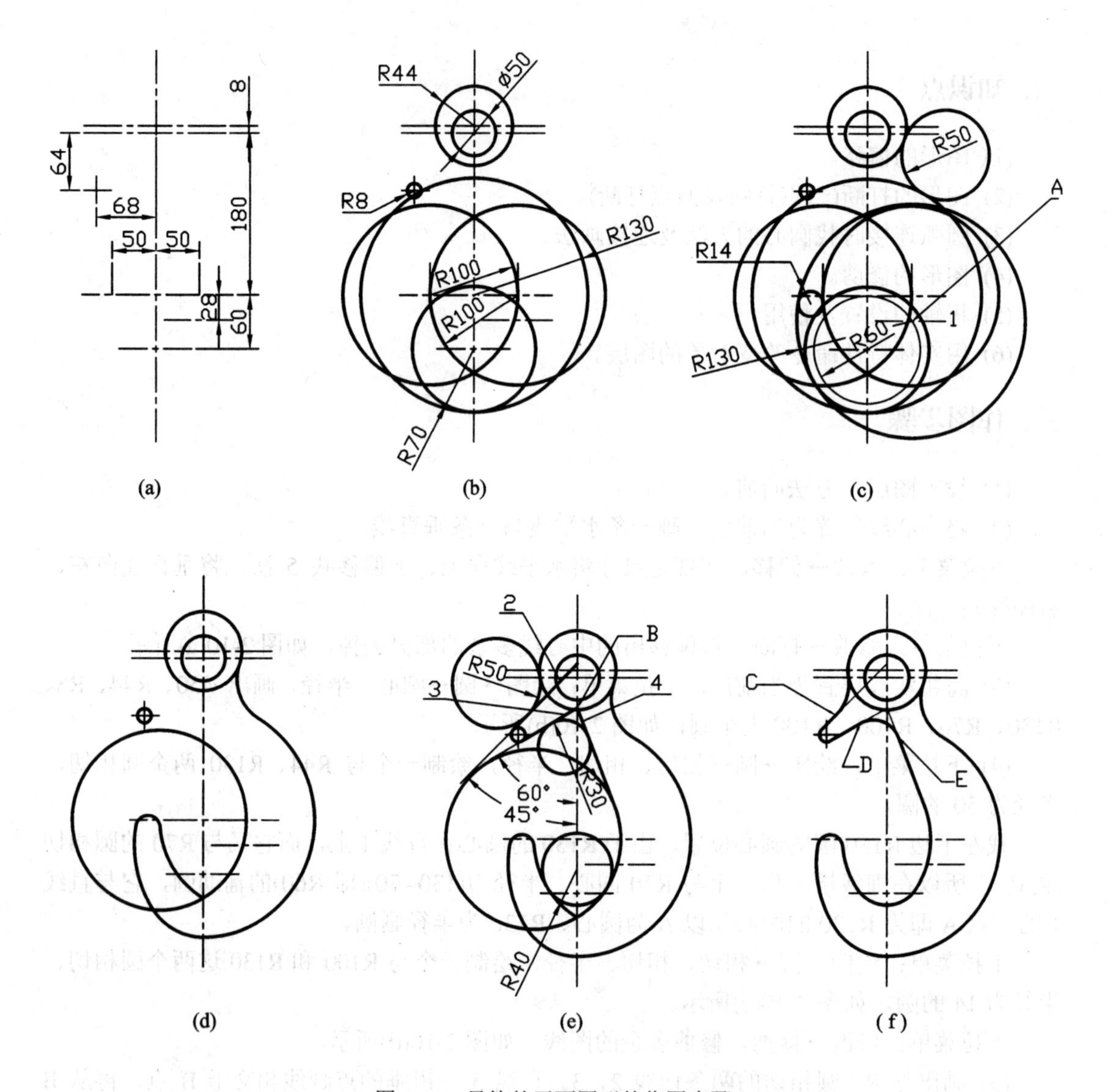

图 2-10　吊钩的平面图形的作图步骤

四、注意点

(1) 绘制直线 2 和 3 时，注意使用对象捕捉中的切点捕捉方式，并将极轴设置中的角增量设置为 15°。

(2) 注意在绘制形状较复杂、尺寸较多的平面图形时，应先对各个尺寸认真分析，确定绘图步骤。

(3) 画圆弧时，先画圆心和半径(或直径)都已知的圆弧，对只知道圆弧半径(或直径)而不知道其圆心位置的圆弧，一是用圆(Circle)命令中的“相切→相切→半径”的方式(T 方式)画圆，二是用“画辅助圆弧→找交点→确定圆心后再画圆”的方法。

(4) 正确分析圆弧连接中内切与外切的关系，以确定找圆心的方法。

实例五　房屋平面图形的绘制

一、图例

本实例绘制图 2-11 所示图形。

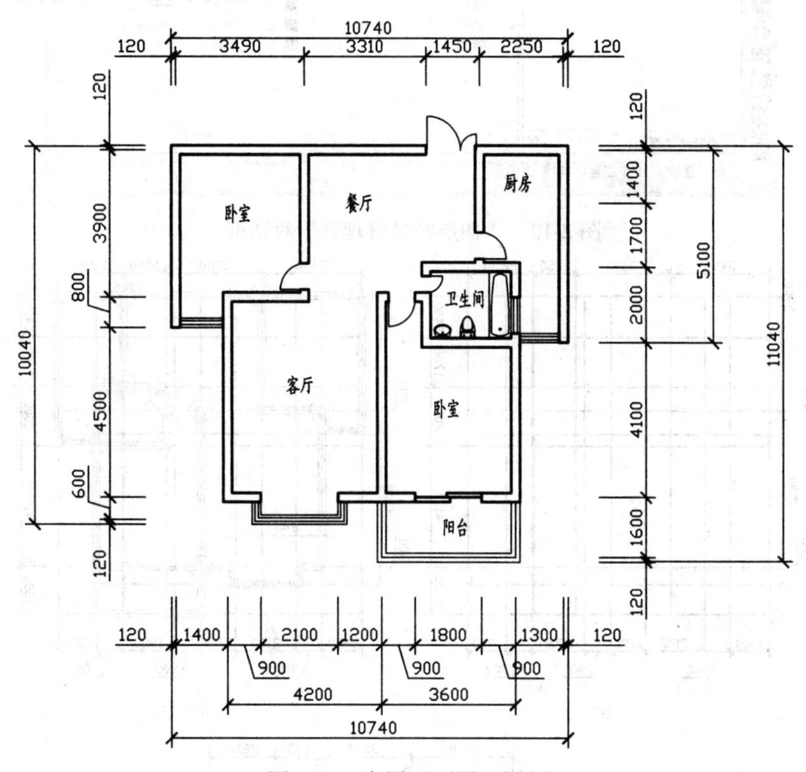

图 2-11　房屋平面图形图例

二、知识点

(1) 图形的偏移。

(2) 多线样式的设置，多线命令的使用，多线的编辑。

(3) 文字的注写。

三、作图步骤

(1) 下拉菜单：格式→图形界限→指定左下角(0，0)→指定右上角(18000，15000)。

下拉菜单：视图→缩放→全部，在屏幕上显示整个图形界限。

(2) 下拉菜单：格式→图层，出现“图层特性管理器”对话框，设置如图 2-12 所示的图层。

(3) 将细线图层置为当前层，绘制图形的轴网。以 A 点为基点，用直线(Line)命令画出一条长度为 10500 的水平线和一条长度为 10800 的铅垂直线。下拉菜单：修改→偏移，将水平线与铅垂线按尺寸偏移，如图 2-13(a)所示。

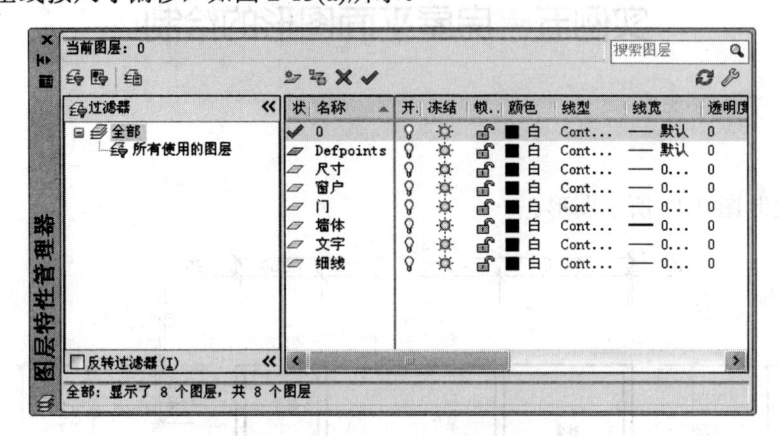

图 2-12 “图层特性管理器”对话框

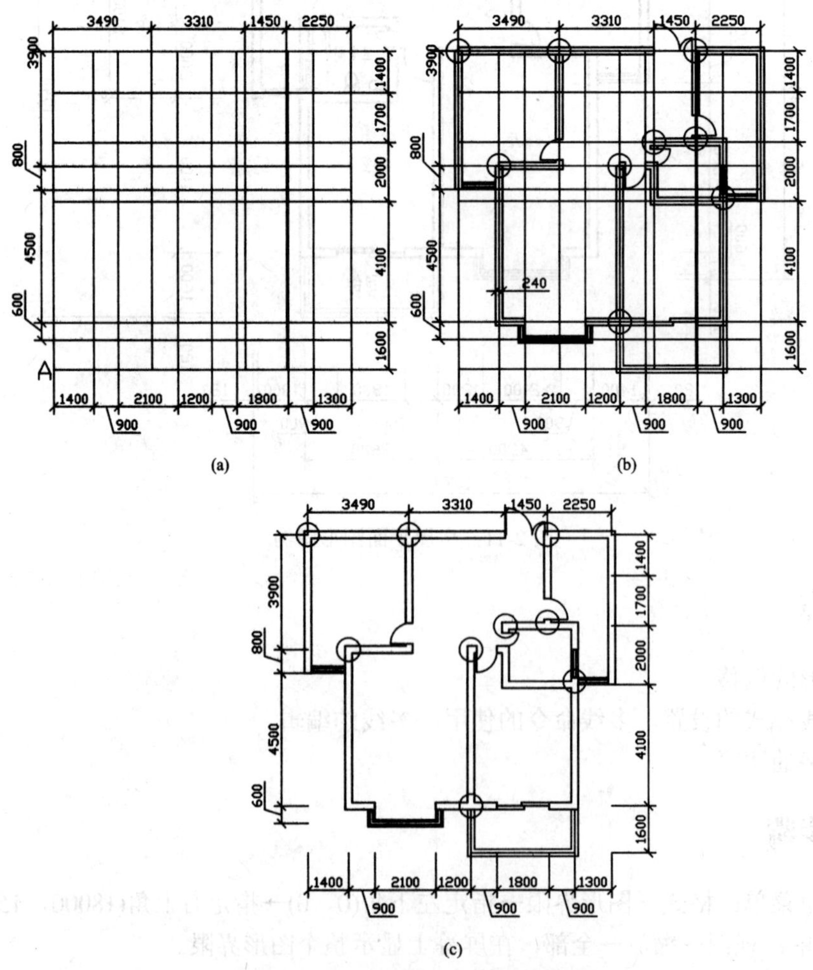

图 2-13 房屋平面图形的作图步骤

(4) 设置多线样式。下拉菜单：格式→多线样式，出现如图 2-14 所示的“多线样式”对话框。在此对话框中，点击“新建”，在出现的“创建新的多线样式”对话框中输入样式名“窗户”，单击“继续”，出现“新建多线样式：窗户”对话框，如图 2-15 所示。在此对话框中设置窗户的多线样式，并在设置窗户多线样式时将直线的起点和端点都设为封口。

图 2-14 “多线样式”对话框

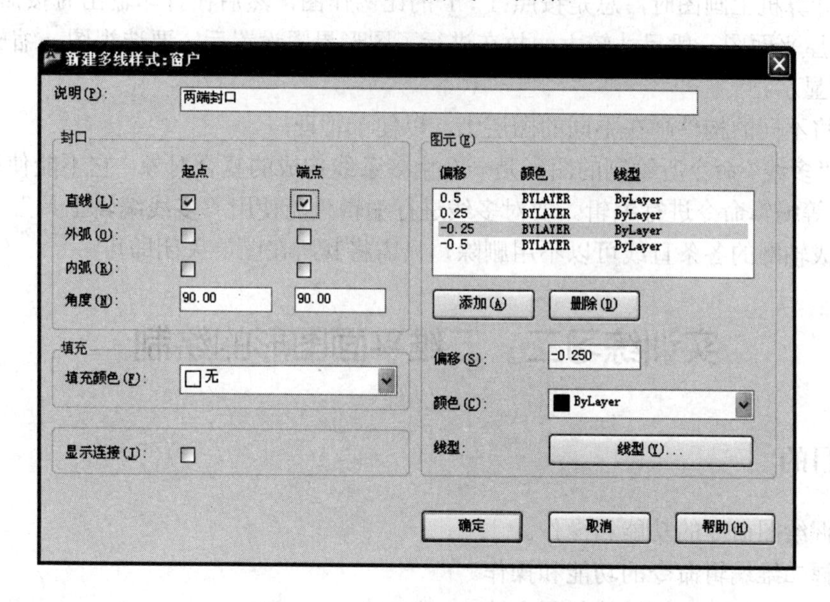

图 2-15 “新建多线样式”对话框

在相应的图层分别用墙体、窗户等多线样式在多线命令下绘制图形。

下拉菜单：绘图→直线和圆，绘制合适的门。也可以从一些建筑平面图的图库中直接调用(见图 2-13(b))。

(5) 下拉菜单：修改→对象→多线，出现如图 2-16 所示的“多线编辑工具”对话框，利用多线编辑工具对图中的画圈处进行编辑，如图 2-13(c)所示。

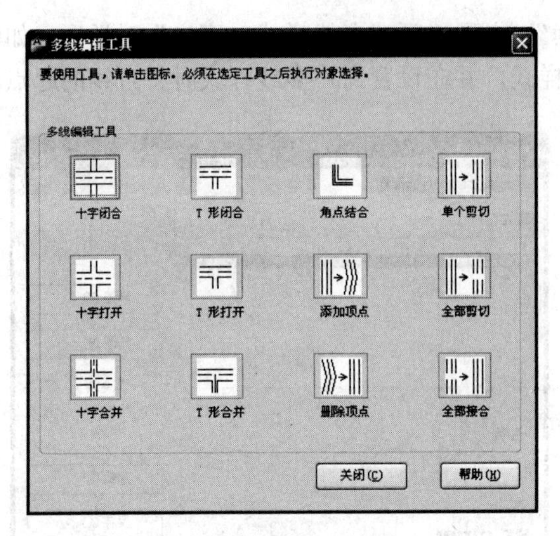

图 2-16　“多线编辑工具”对话框

(6) 下拉菜单：绘图→文字或多行文字，进行文字标注。如果有条件可从一些建筑平面图的图库中直接调用浴缸、洗面池、马桶等图块。绘图最后结果如图 2-11 所示。

四、注意点

(1) 在计算机上画图时，总是按照 1∶1 的比例作图，然后在打印输出时按需要设置打印比例。房屋平面图一般尺寸较大，故在进行了图形界限设置后，要选视图→缩放→全部，使图形全屏显示。

(2) 可将不同的构件画在不同的图层上，以便于管理。

(3) 用“多线”命令所绘制的图形是一个由多条线构成的复合对象，它不能使用“延伸”和“修剪”等编辑命令进行编辑。要对多线进行编辑只能使用“多线编辑工具”。

(4) 构成轴网的各条直线可以不用删除，只需将其所在图层关闭即可。

实训练习二　二维平面图形的绘制

一、练习目的

(1) 掌握绘图命令的功能和操作。

(2) 掌握二维编辑命令的功能和操作。

(3) 掌握对象捕捉、极轴的使用方法。

(4) 掌握对象追踪、极轴追踪的使用方法。

(5) 掌握数据输入方法中的绝对直角坐标、绝对极坐标、相对直角坐标、相对极坐标的使用方法。

(6) 掌握图层的设置与应用。

二、练习要求

(1) 参照图例绘制平面图形。

(2) 练习前要进行尺寸分析，确定连接圆弧的圆心位置。

(3) 绘图时还要在一个绘图命令下根据不同的情况选择适当的操作方式。

(4) 绘制房屋平面图形进行多线编辑时要使用图形显示缩放的各种操作。

三、练习图例

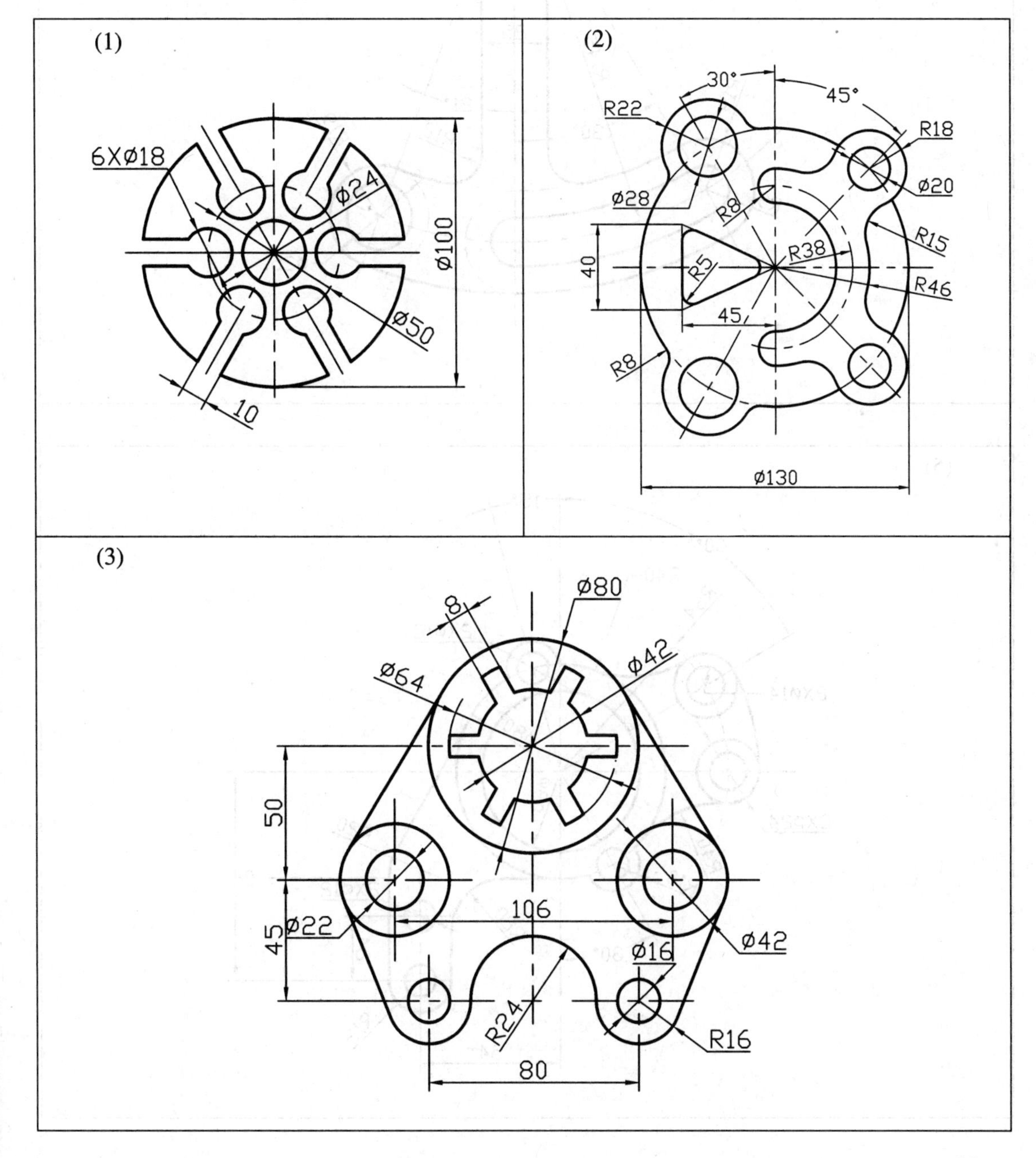

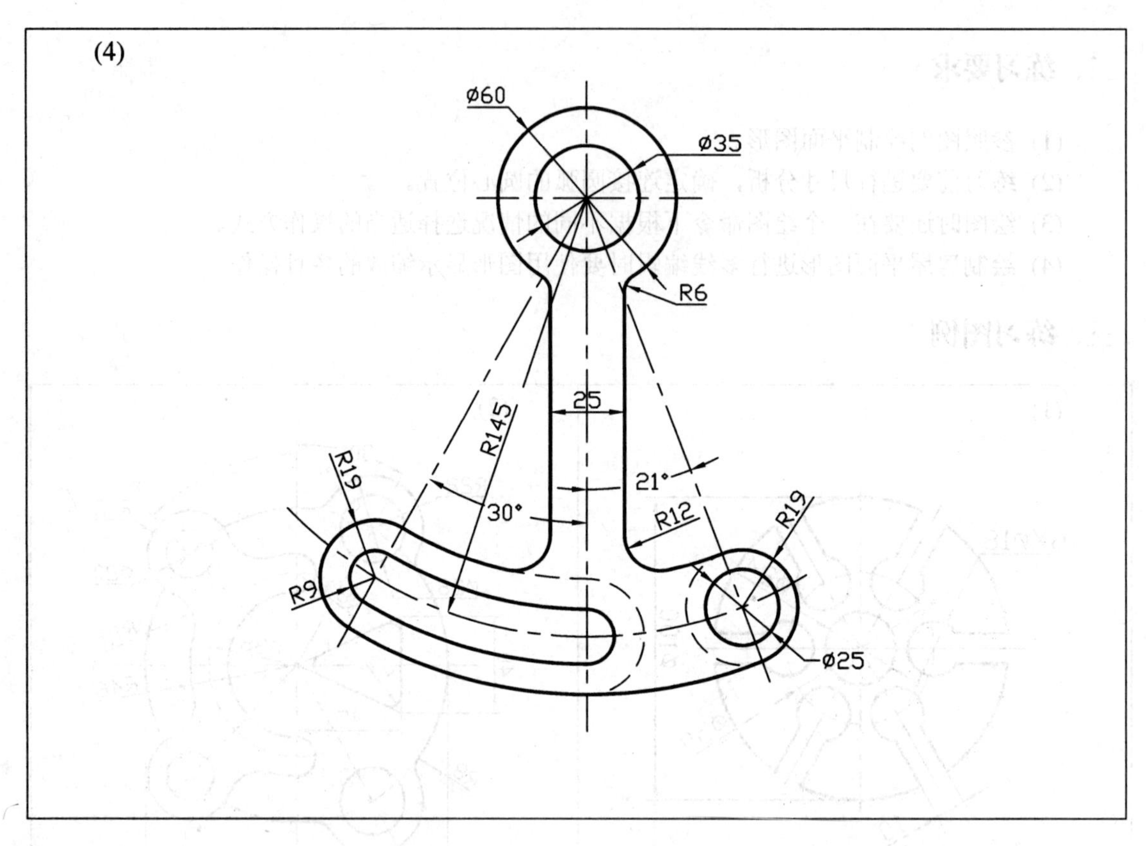
(4)
Ø60
Ø35
R6
25
R145
R19
21°
30°
R12
R19
R9
Ø25

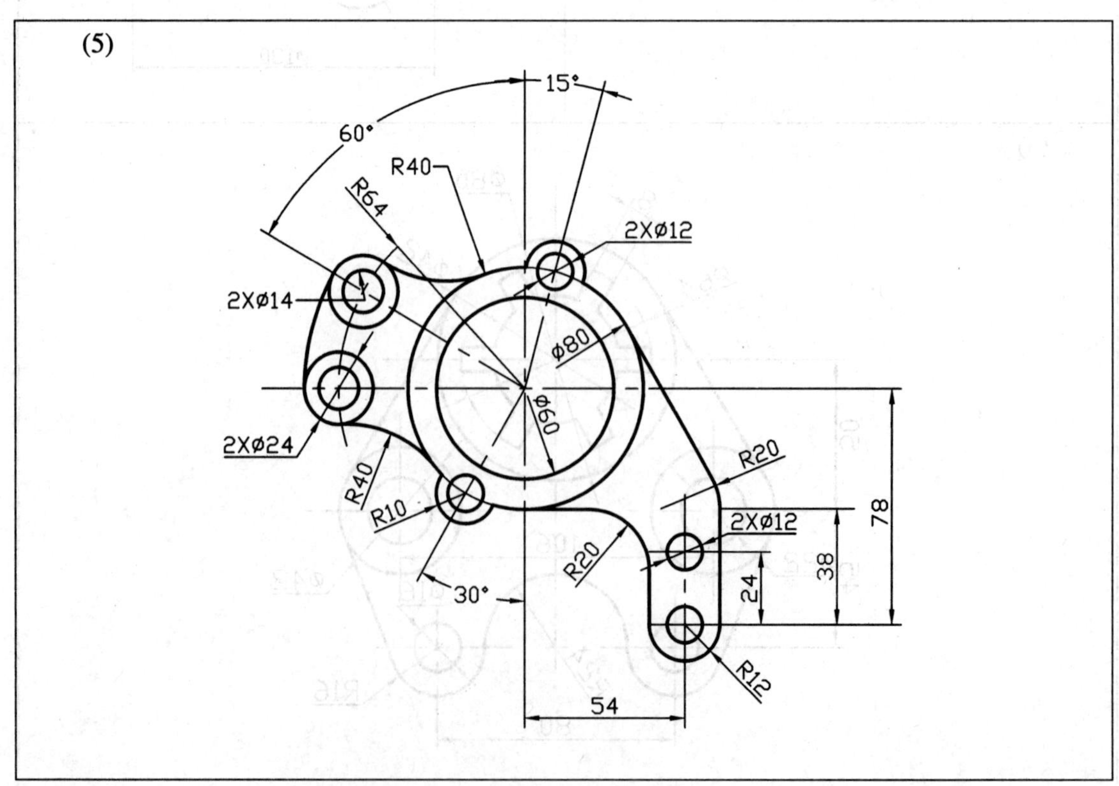
(5)
15°
60°
R40
R64
2XØ12
2XØ14
Ø80
Ø60
2XØ24
R40
R20
R10
2XØ12
78
R20
38
24
30°
R12
54

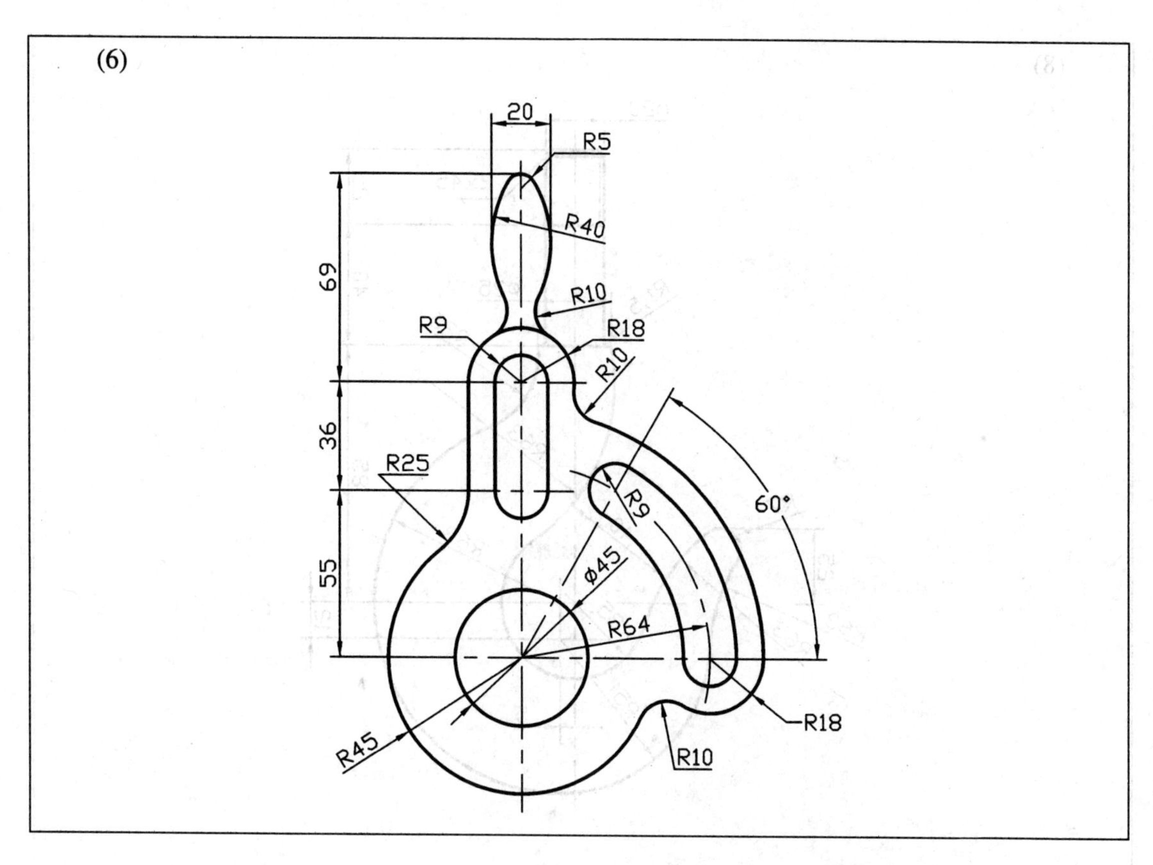
(6)
20
R5
R40
69
R10
R9
R18
R10
36
R25
R9
60°
55
Ø45
R64
R18
R45
R10

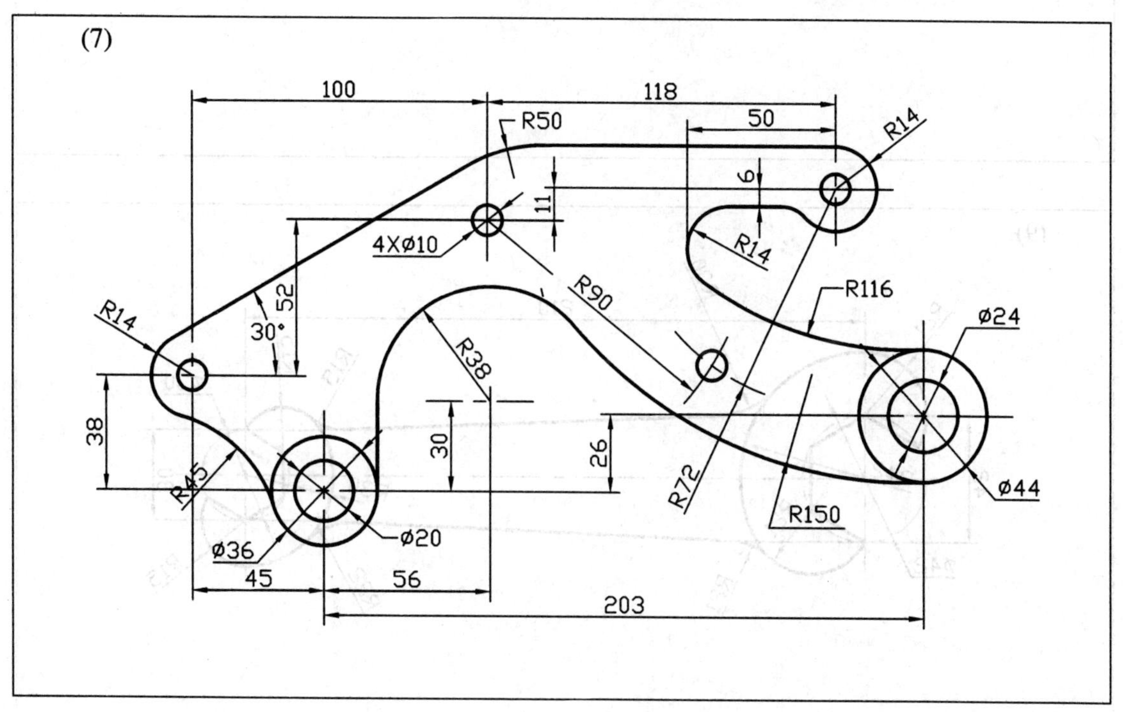
(7)
100
118
R50
50
R14
6
11
4XØ10
R14
52
R90
R116
R14
30°
R38
Ø24
38
30
26
R45
R72
Ø44
Ø36
Ø20
R150
45
56
203

(8)

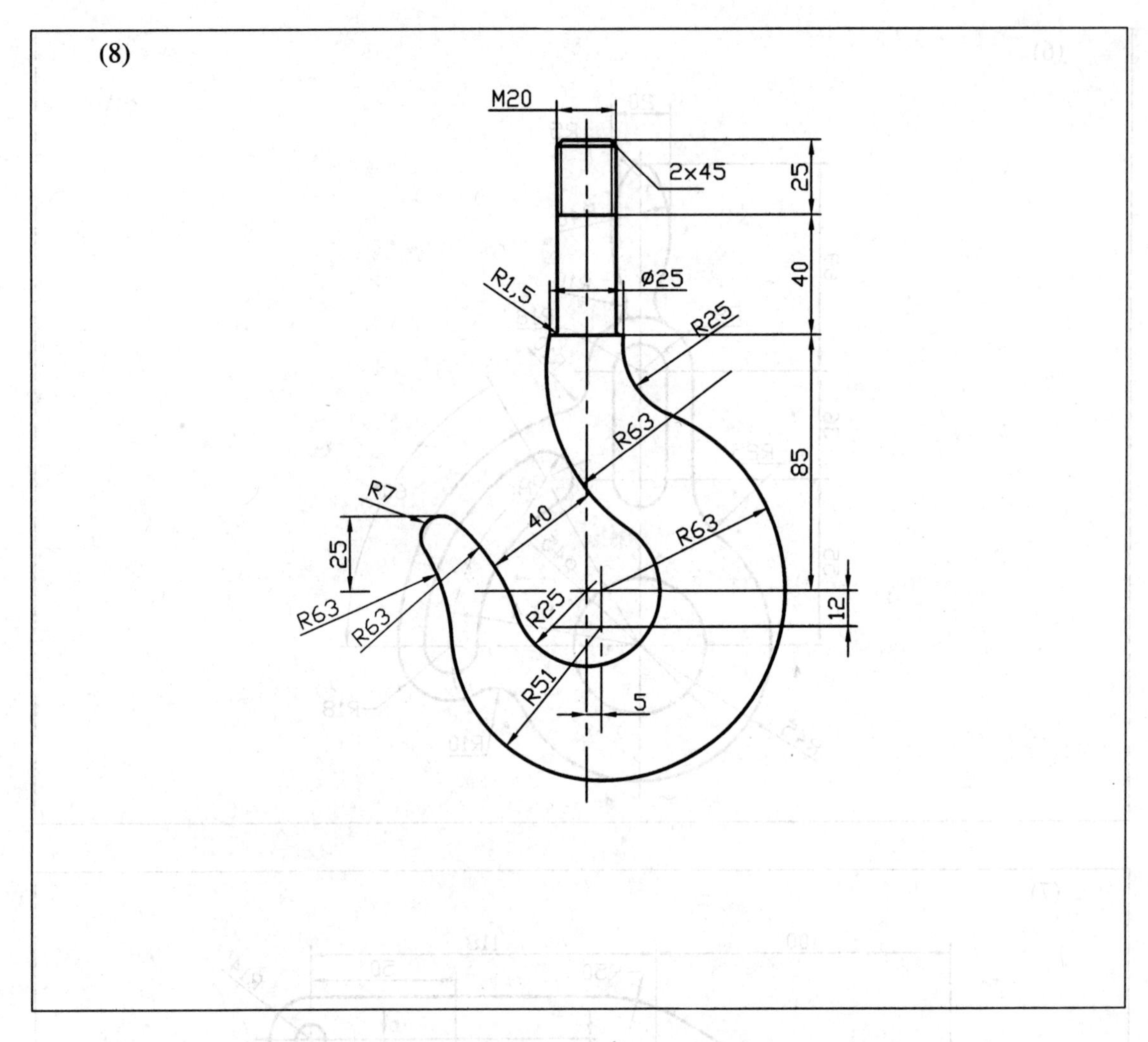
M20
2x45
25
40
Ø25
R1,5
R25
R63
85
R7
40
R63
25
R63
R63
R25
12
R51
5

(9)

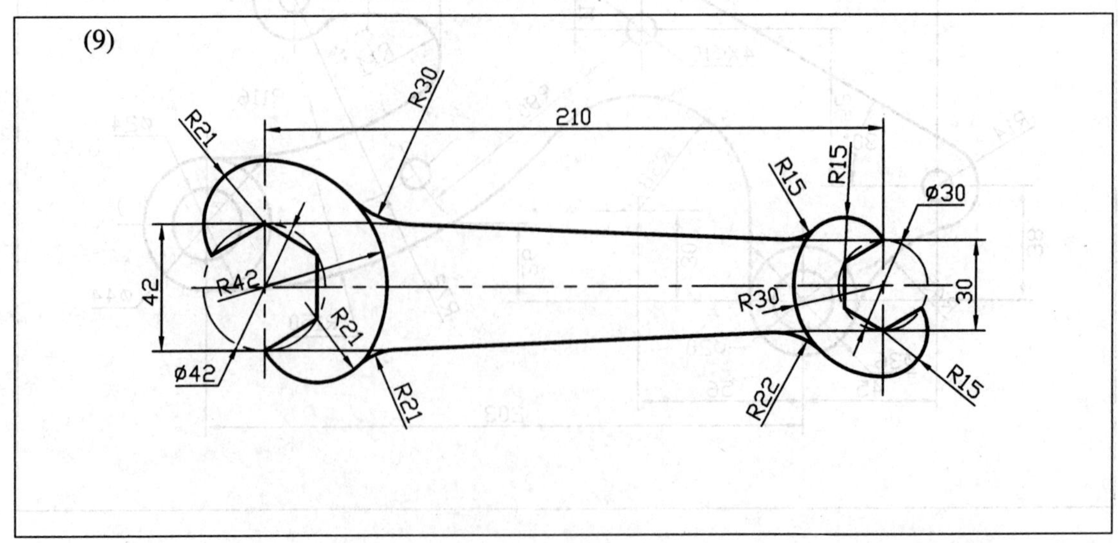
R30
210
R21
R15
R15
Ø30
42
R42
R21
R30
30
Ø42
R21
R22
R15

(10)

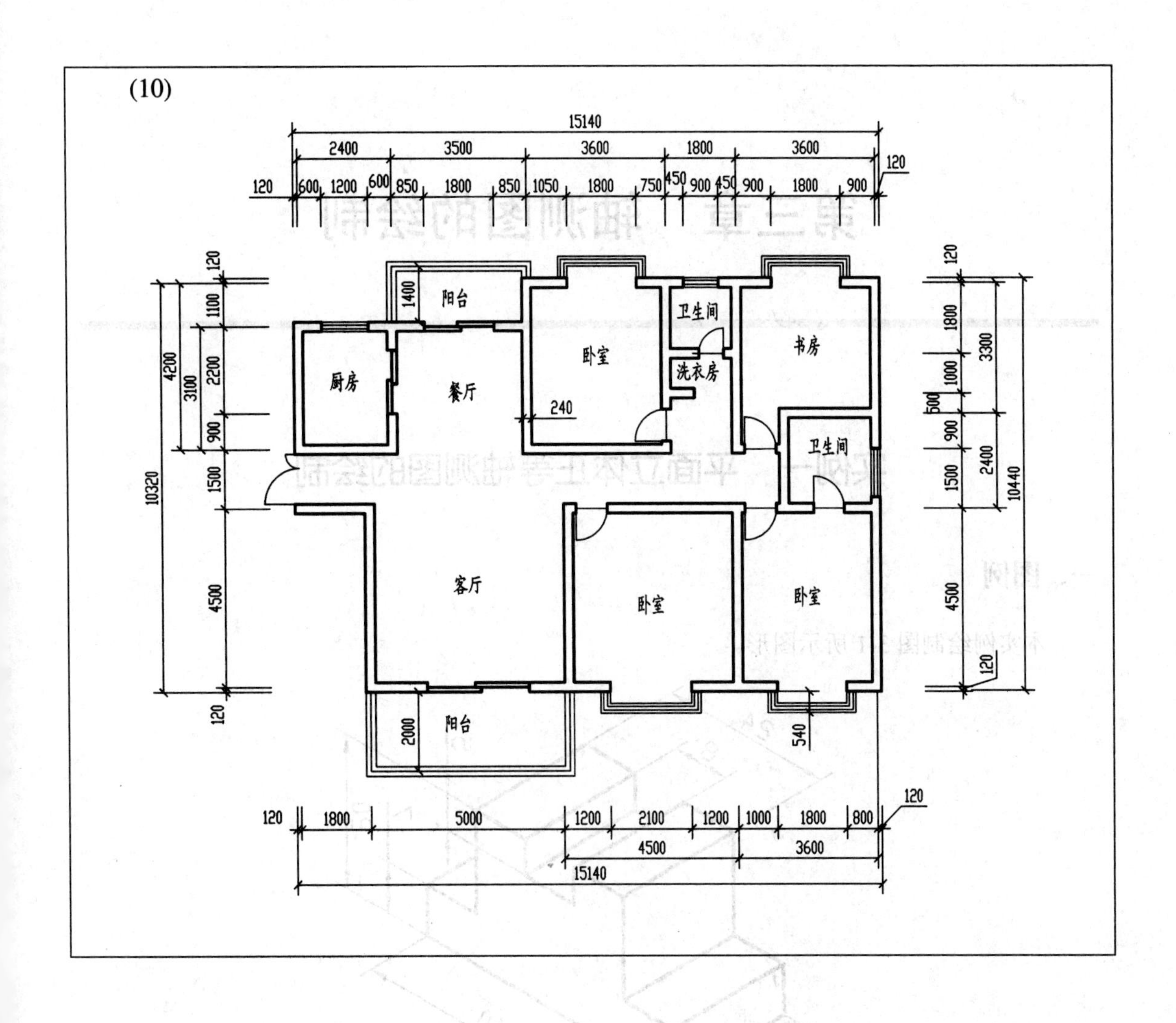

15140
2400 3500 3600 1800 3600
120 600 1200 600 850 1800 850 1050 1800 750 450 900 450 900 1800 900 120
阳台
卧室
卫生间
书房
厨房
餐厅
洗衣房
240
卫生间
客厅
卧室
卧室
阳台
1400
2000
540
120 1100 2200 900 1500 4500 120
4200
3100
10320
120 1800 1000 500 900 1500 4500 120
3300
2400
10440
120 1800 5000 1200 2100 1200 1000 1800 800 120
4500 3600
15140

第三章　轴测图的绘制

实例一　平面立体正等轴测图的绘制

一、图例

本实例绘制图 3-1 所示图形。

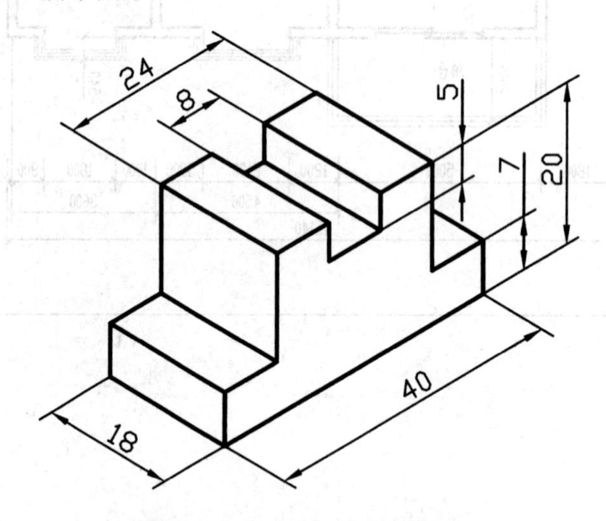

图 3-1　平面立体正等轴测图图例

二、知识点

(1) 正等轴测图。当物体上的三个直角坐标轴与轴测投影面的倾角相等时，三个轴向伸缩系数均相等，这时用正投影所得到的具有立体感的图形称为正等轴测图。正等轴测图能同时反映出物体长、宽、高三个方向的形状，如图 3-2(a)所示。

(2) 轴测轴与轴间角。空间直角坐标系中的三根坐标轴 OX、OY、OZ 在轴测投影面上的投影 O1X1、O1Y1、O1Z1 为轴测轴。在正等轴测投影图中，两根轴之间的夹角为 120°，其中 Z1 轴画成铅垂方向，如图 3-2(b)所示。

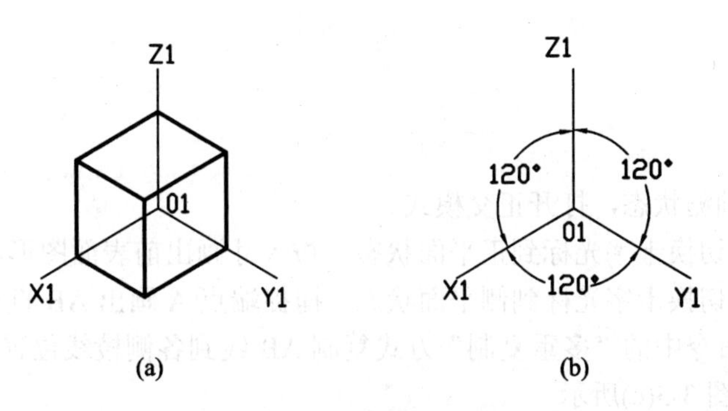

图 3-2 正等轴测图轴测轴与轴间角

(3) 正等轴测图状态的设置。下拉菜单：工具→草图设置。弹出如图 3-3 所示的“草图设置”对话框。

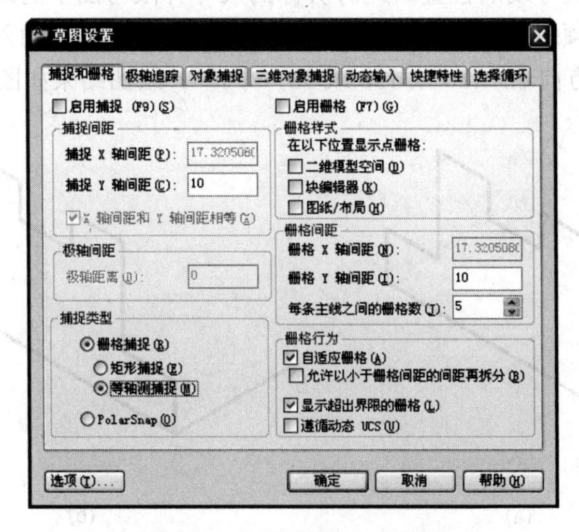

图 3-3 “草图设置”对话框

在“草图设置”对话框中选择捕捉和栅格→等轴测捕捉→确定，此时十字光标变为图 3-4(a)所示的格式之一。通过按 F5 键或 Ctrl+E 键切换轴测面，AutoCAD 会自动改变十字光标，在此状态下可绘制出立体上的水平面、正平面、侧平面，如图 3-4(b)所示。

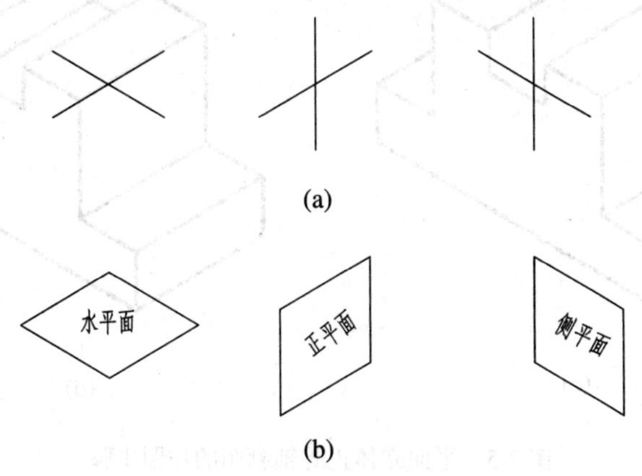

图 3-4 十字光标与轴测面

三、作图步骤

(1) 设置等轴测状态，打开正交模式。

(2) 按 F5 键切换十字光标到正平面状态，按尺寸画出前表面图形，如图 3-5(a)所示。

(3) 按 F5 键切换十字光标到侧平面状态，捕捉端点 A 画出 AB 直线，如图 3-5(b)所示。

(4) 用复制命令中的“多重复制”方式复制 AB 线到各侧棱线位置，对不可见部分用剪切命令修剪，如图 3-5(c)所示。

(5) 用直线命令捕捉各端点连接直线，并画出开槽内直线，修剪图形，如图 3-5(d)所示。

(6) 标注轴测图中的尺寸。下拉菜单：标注→对齐→指定尺寸界限的第一点→指定尺寸界线的第二点→确定尺寸线的位置。此时所标的尺寸界限与图中的线段不平行，还需再执行下拉菜单：标注→倾斜→选择要改变界限方向的尺寸→回车→输入要倾斜尺寸界线的角度，根据尺寸界线的方向输入(30 或 150 或 90)→回车。绘图结果如图 3-1 所示。

(7) 存盘。

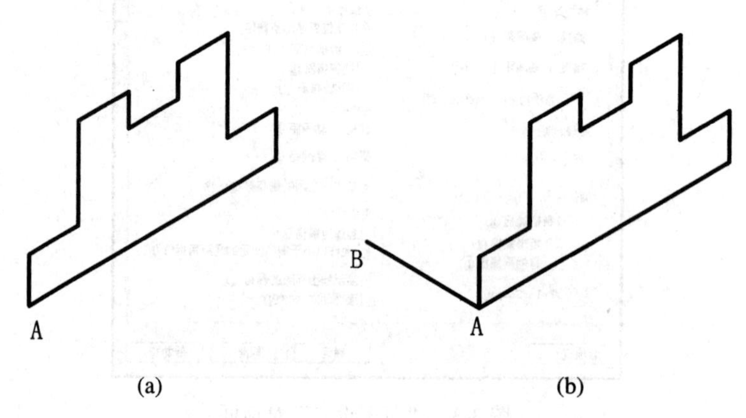

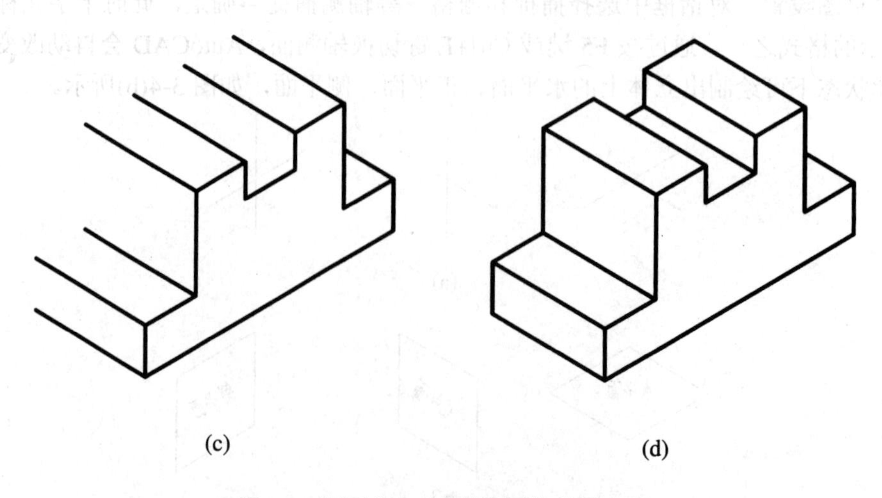

图 3-5　平面立体正等轴测图的作图步骤

四、注意点

(1) 绘图及标尺寸时要选择对象捕捉，捕捉端点。

(2) 打开正交模式，按 F5 键进行轴测平面的切换。

(3) 绘制轴测图时，还可通过在“草图设置”对话框中设置极轴追踪的角度来完成。此时要选择角度增量为 30°，并打开极轴追踪开关，即可绘制出 X1、Y1、Z1 轴方向的直线。

(4) 标注尺寸后，要倾斜尺寸界限，根据需要输入不同的角度。

实例二　带回转面体正等轴测图的绘制

一、图例

本实例绘制图 3-6 所示图形。

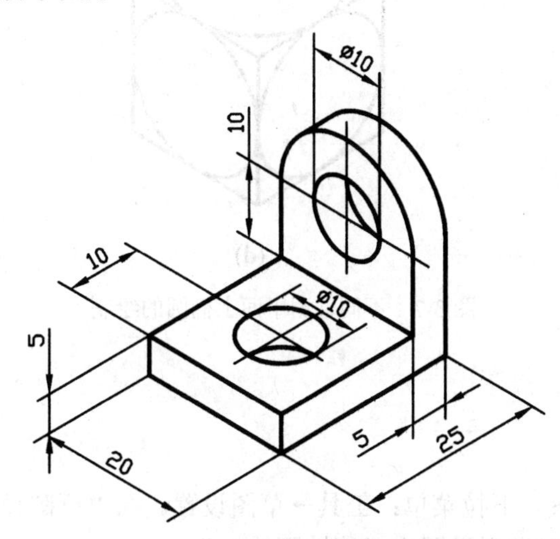

图 3-6　带回转面体正等轴测图图例

二、知识点

(1) 轴测状态的设置，正等轴测图的基本知识。

(2) 水平面方向上圆的轴测图绘制，按 F5 键将十字光标切换到水平面状态。打开正交模式，按尺寸绘制出水平面上的四边形，连接对角线 AB。下拉菜单：绘图→椭圆→I(选择等轴测圆的绘制方式)→回车→捕捉对角线上的中点定椭圆圆心→指定椭圆半径。结果如图 3-7(a)所示。

(3) 侧平面方向上圆的轴测图绘制。按 F5 键将十字光标切换到侧平面状态，用与绘制图 3-7(a)相同的方法绘制出四边形与椭圆，如图 3-7(b)所示。

(4) 正平面方向上圆的轴测图绘制。按 F5 键将十字光标切换到正平面状态，同上方法绘制出正平面上的四边形与椭圆，如图 3-7(c)所示。

水平面、侧平面、正平面上的椭圆方向如图 3-7(d)所示。

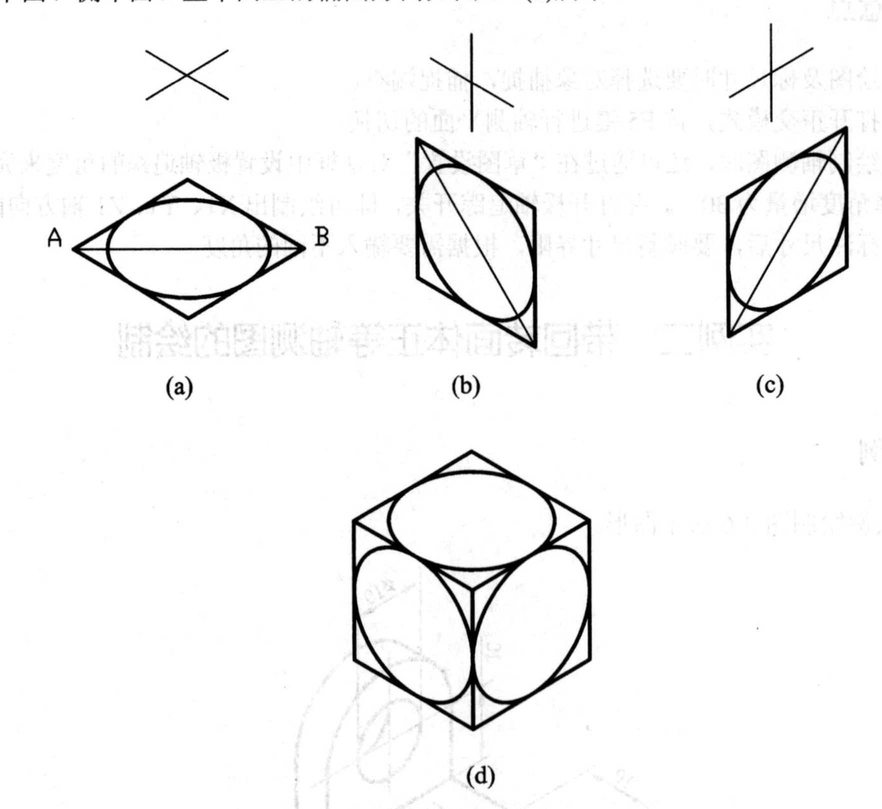

图 3-7　不同轴测平面上椭圆的绘制

三、作图步骤

(1) 轴测状态的设置。下拉菜单：工具→草图设置。在“草图设置”对话框的“捕捉和栅格”选项卡下，将捕捉类型设置为“等轴测捕捉”。

(2) 打开正交模式，选择对象捕捉，捕捉中点、端点和象限点。

(3) 画底板。在此过程中，用 F5 键切换轴测面以画出不同方向的直线，如图 3-8(a)所示。

(4) 捕捉底板上端点 A 开始画立板，如图 3-8(b)所示。

(5) 画侧平面上的大椭圆并复制。用 F5 键将轴测面切换到侧平面位置。下拉菜单：绘图→椭圆→I→回车→捕捉立板上棱线中点 B 指定椭圆圆心→指定椭圆半径。将画好的大椭圆复制到规定位置，如图 3-8(c)所示。

(6) 画侧平面上的小椭圆并复制。用与上面相同的方法捕捉中点，定椭圆圆心，画出小椭圆并复制，如图 3-8(d)所示。

(7) 画水平面上的椭圆。用 F5 键将轴测面切换到水平面位置，捕捉对角线中点定椭圆圆心，同上方法画出水平面上的椭圆，并向下复复制，捕捉侧平面上大椭圆上的象限点用直线相连接两个大椭圆，如图 3-8(e)所示。

(8) 修剪图形。下拉菜单：修改→剪切→选择全部图形→回车→选择要修剪的对象，如

图 3-8(f)所示。

(9) 用与实例一相同的方法标注尺寸。绘图结果如图 3-6 所示。

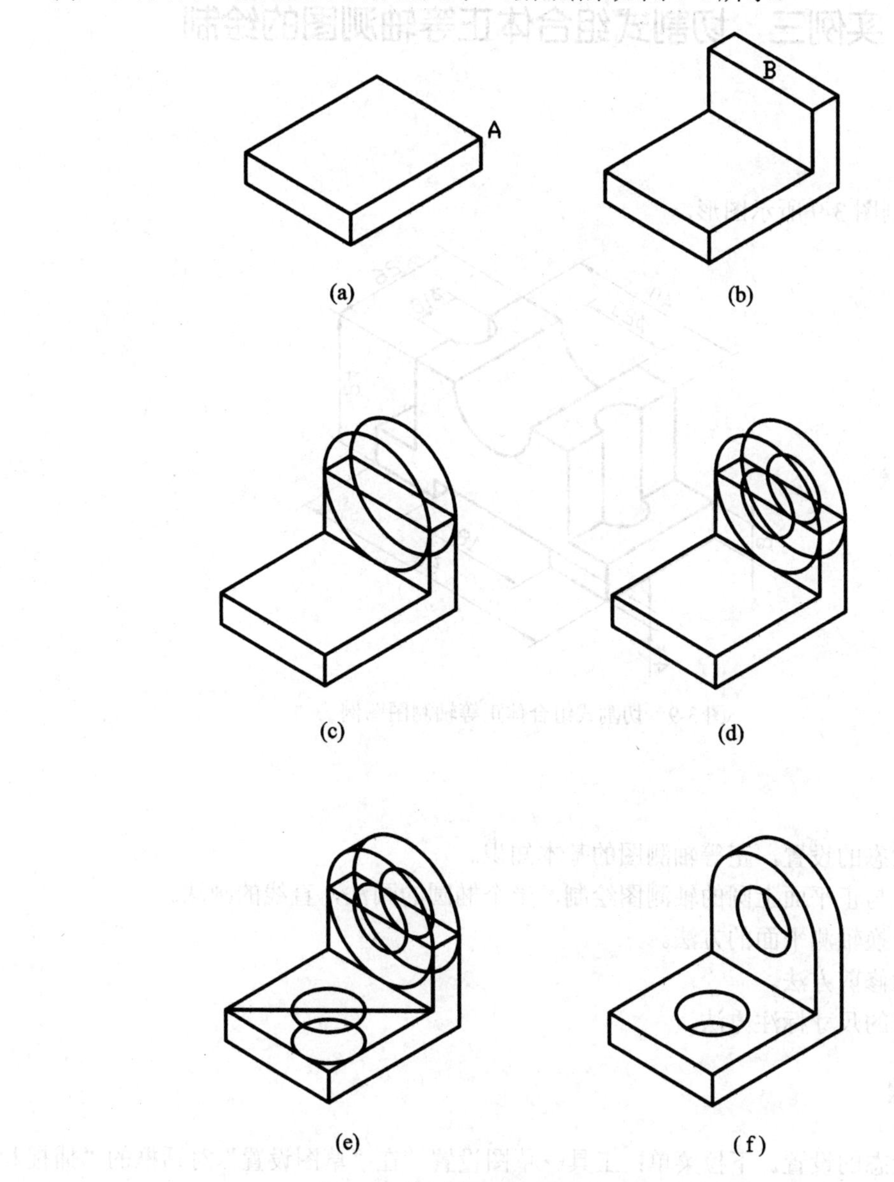

图 3-8　带回转面体正等轴测图的作图步骤

四、注意点

(1) 画直线时可用多种方法确定点的位置，如输入坐标等，用直接给出距离方式最为方便。

(2) 要做到精确绘图，在选点时要采用捕捉方式捕捉点。

(3) 画轴测图时要根据不同方向按 F5 键变换轴测平面。

(4) 执行椭圆命令后，一定要输入 I 转换为等轴测圆的绘制方式。

实例三　切割式组合体正等轴测图的绘制

一、图例

本实例绘制图 3-9 所示图形。

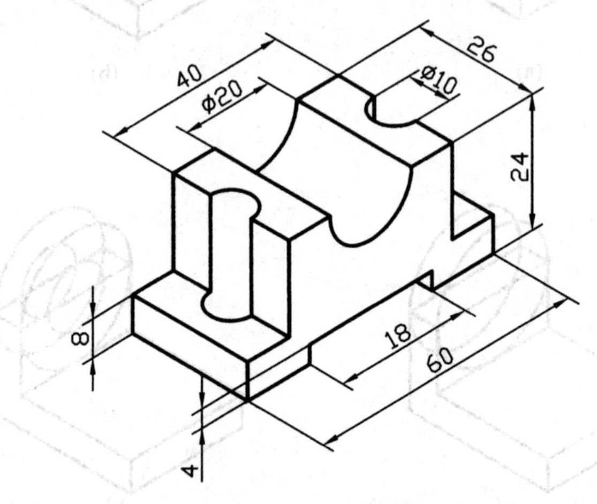

图 3-9　切割式组合体正等轴测图图例

二、知识点

(1) 轴测状态的设置，正等轴测图的基本知识。

(2) 水平面与正平面上圆的轴测图绘制，半个椭圆的画法，直线的画法。

(3) 灵活变换轴测平面的方法。

(4) 图形的修剪方法。

(5) 轴测图的尺寸标注方法。

三、作图步骤

(1) 轴测状态的设置。下拉菜单：工具→草图设置。在“草图设置”对话框的“捕捉和栅格”选项卡下，将捕捉类型设置为“等轴测捕捉”。

(2) 打开正交模式，选择对象捕捉，捕捉中点、端点。

(3) 按 F5 键将轴测平面切换到正平面，画形体的前表面平面图形，如图 3-10(a)所示。

(4) 捕捉上棱线中点定椭圆圆心，画正平面上的椭圆，如图 3-10(b)所示。

(5) 修剪掉上半椭圆，根据尺寸复制前表面图形到后方，如图 3-10(c)所示。

(6) 用直线将前、后面各端点连接，并修剪掉看不到的线，如图 3-10(d)所示。

(7) 按 F5 键将轴测平面切换到水平面，捕捉左、右棱线上的中点定椭圆圆心，画出三个水平椭圆，并将半个椭圆槽与平面的交线画出，如图 3-10(e)所示。

(8) 修剪图形。下拉菜单：修改→剪切→选择全部图形→回车→选择要修剪的对象，如图 3-10(f)所示。

(9) 同前例相同方法完成尺寸标注，绘图结果如图 3-9 所示。

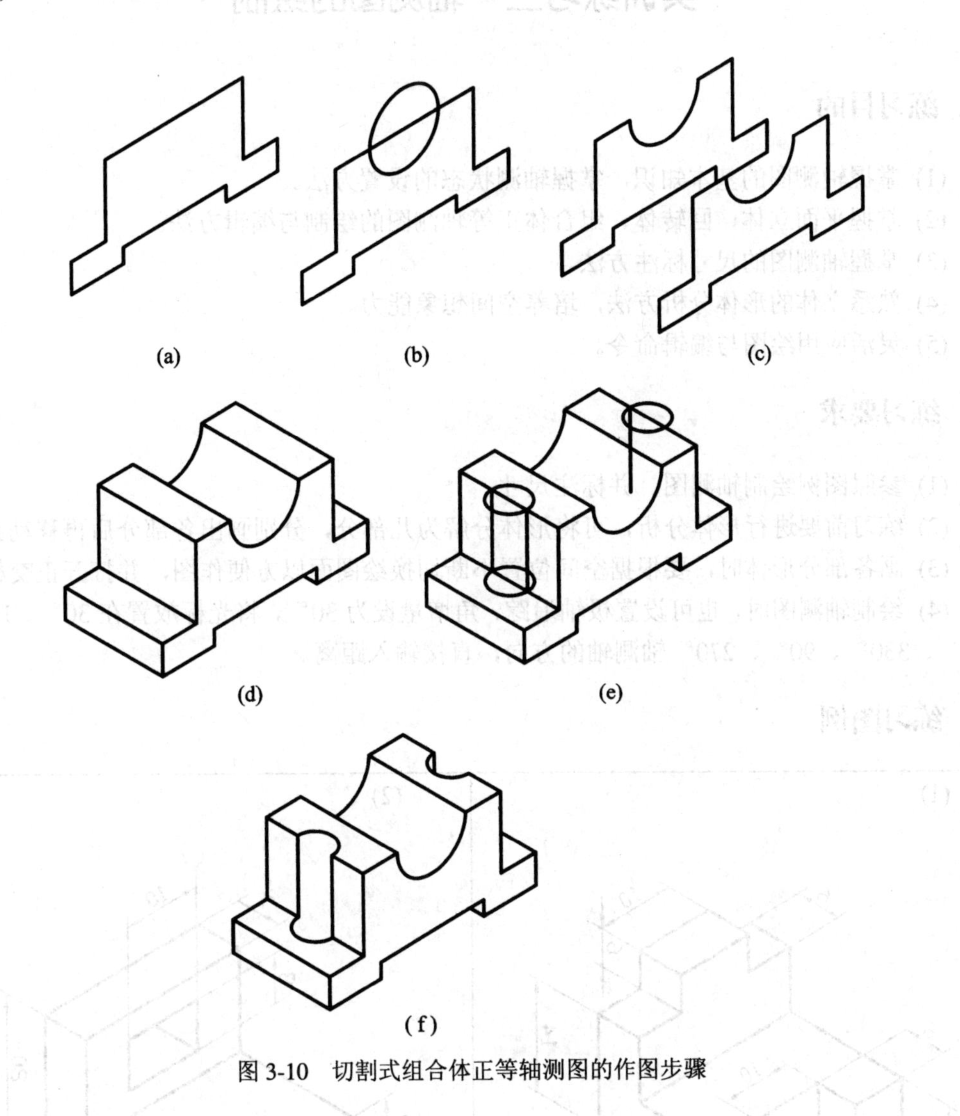

图 3-10　切割式组合体正等轴测图的作图步骤

四、注意点

(1) 画直线时打开正交模式，用直接给距离方式绘制。

(2) 要做到精确绘图，在选点时要采用捕捉方式捕捉点。

(3) 画轴测图时要根据不同方向变换轴测平面。

(4) 执行椭圆命令后，一定要输入 I 转换为等轴测圆的绘制方式。

(5) 标注轴测图的尺寸时，在执行对齐命令后还要再执行一次倾斜命令。

实训练习三　轴测图的绘制

一、练习目的

(1) 掌握轴测图的基本知识，掌握轴测状态的设置方法。

(2) 掌握平面立体、回转体、组合体正等轴测图的绘制与编辑方法。

(3) 掌握轴测图的尺寸标注方法。

(4) 熟悉立体的形体分析方法，培养空间想象能力。

(5) 灵活应用绘图与编辑命令。

二、练习要求

(1) 参照图例绘制轴测图，并标注尺寸。

(2) 练习前要进行形体分析，可将形体分解为几部分，分别画出各部分后再移动到位。

(3) 画各部分形体时，要根据空间位置不断切换绘图面以方便作图，并打开正交模式。

(4) 绘制轴测图时，也可设置极轴追踪，角增量设为30°，将光标放置在30°、150°、210°、330°、90°、270°轴测轴的方向，直接输入距离。

三、练习图例

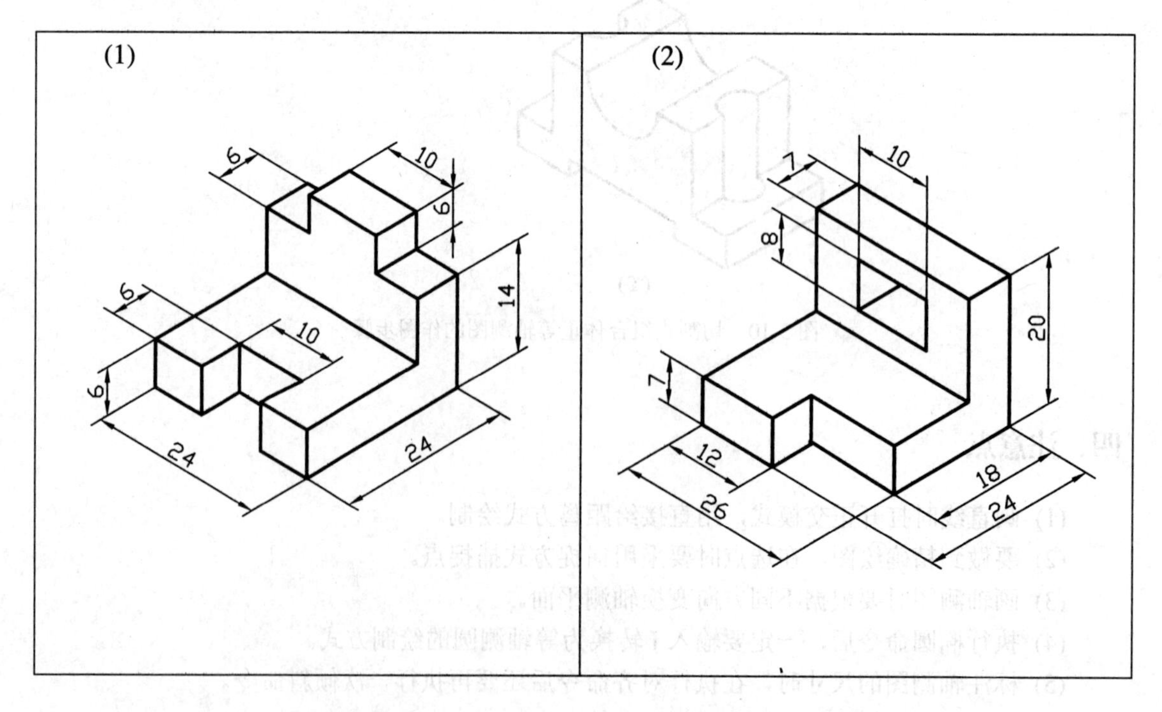

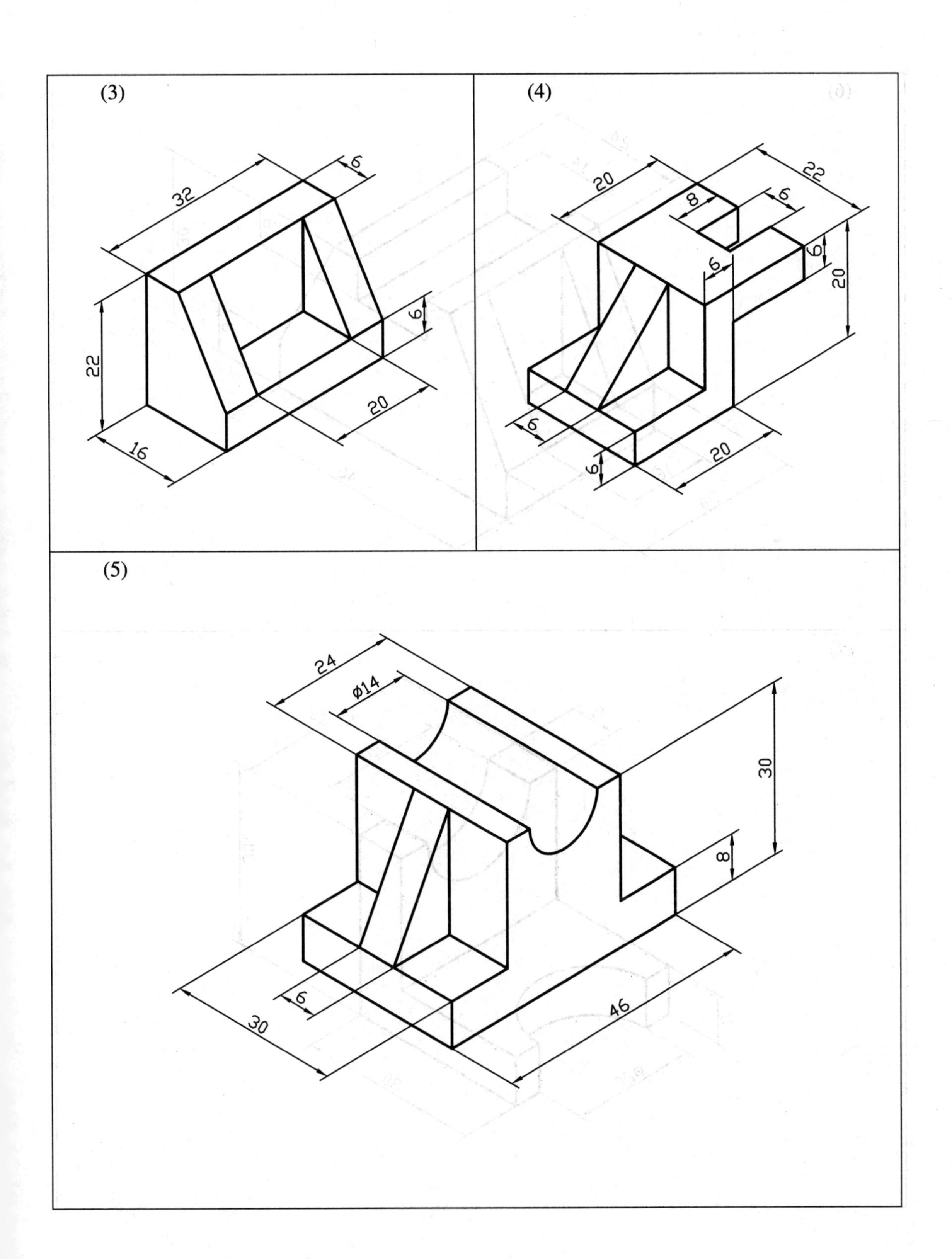
(3)
32
6
22
6
20
16
(4)
20
22
8
6
6
6
20
6
20
6
(5)
24
φ14
30
8
6
30
46

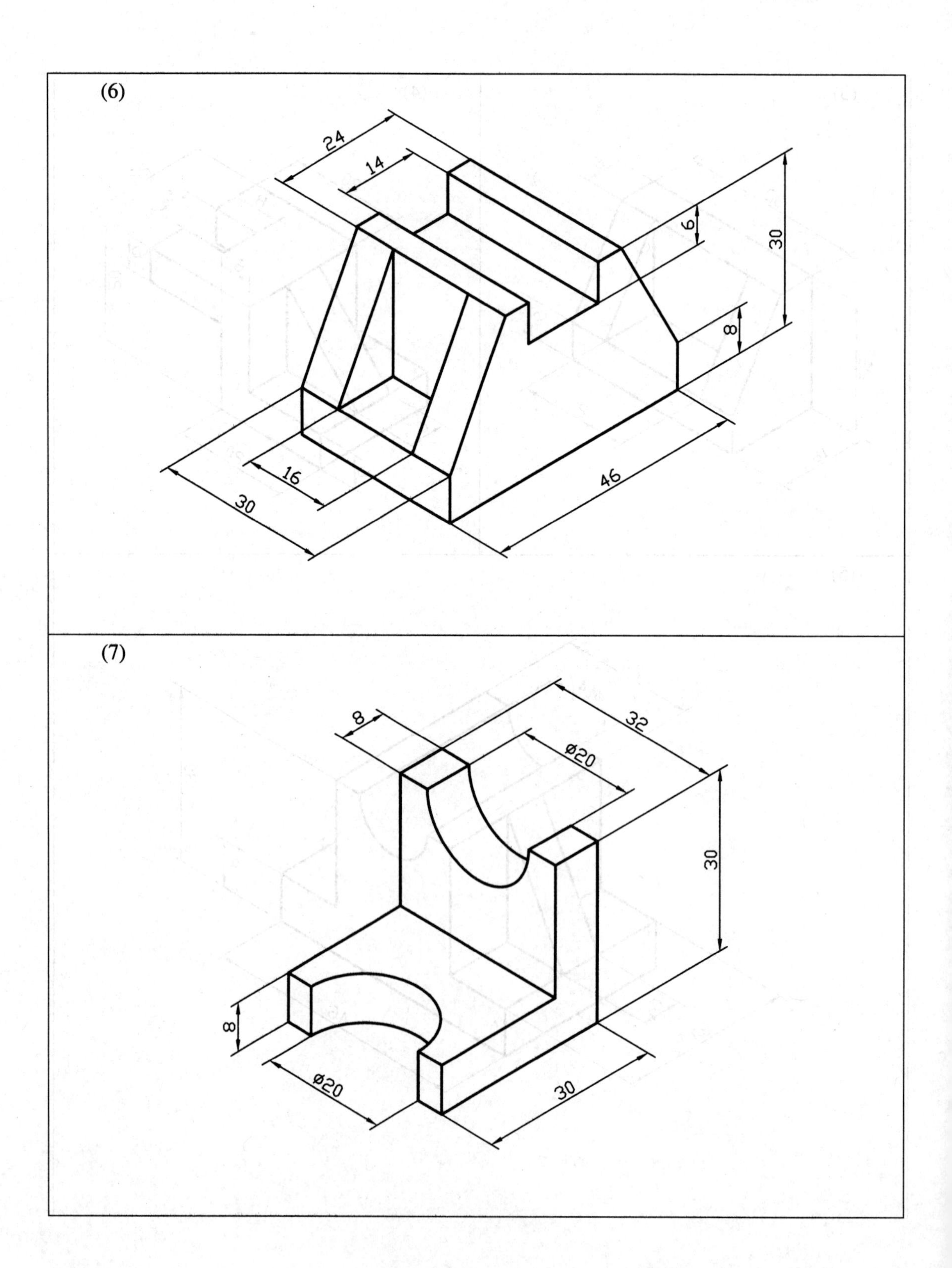
(6)
24
14
6
30
8
16
30
46
(7)
8
32
ø20
30
8
ø20
30

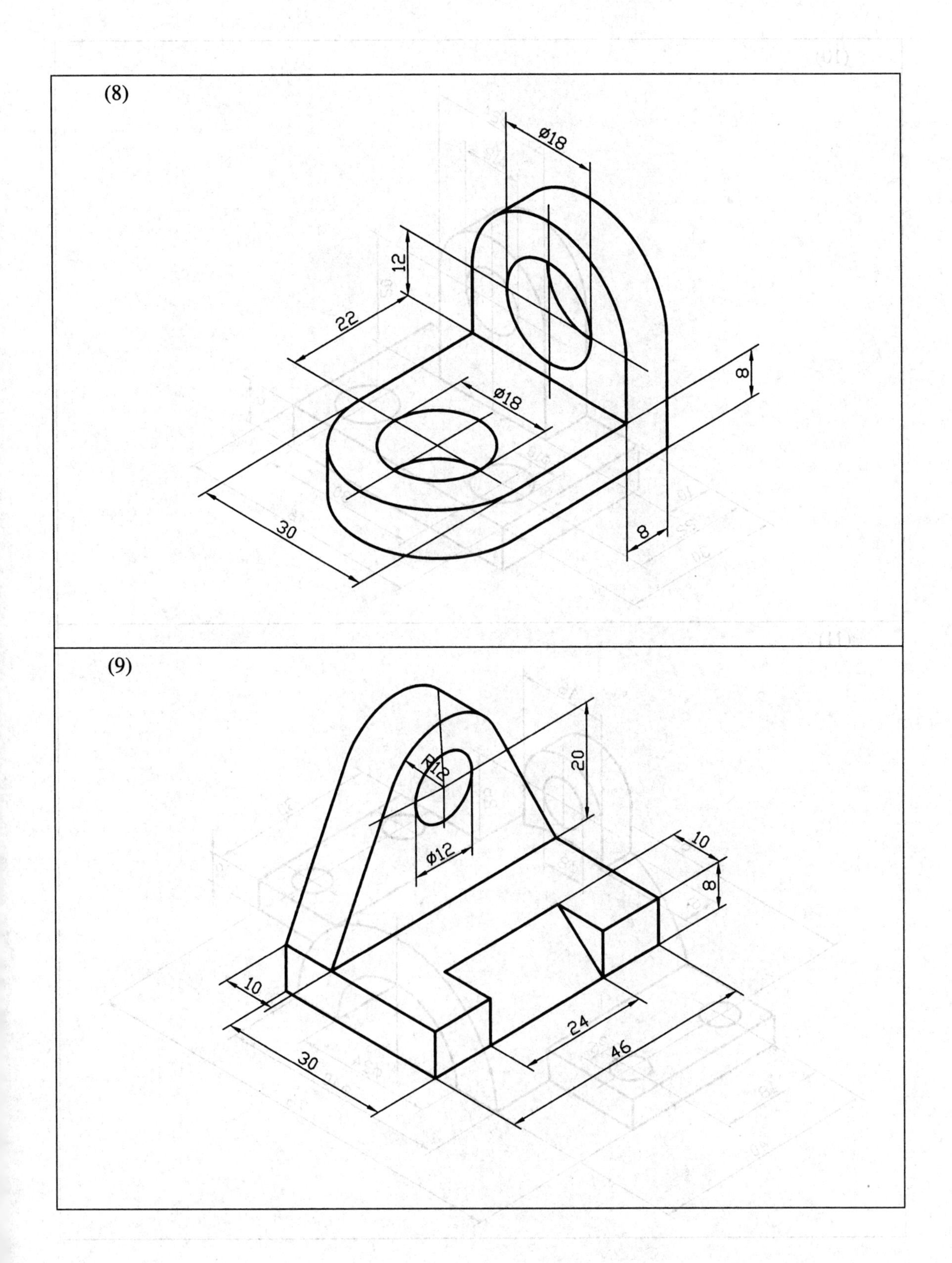
(8)
Ø18
12
22
Ø18
8
30
8
(9)
20
Φ12
10
8
10
30
24
46

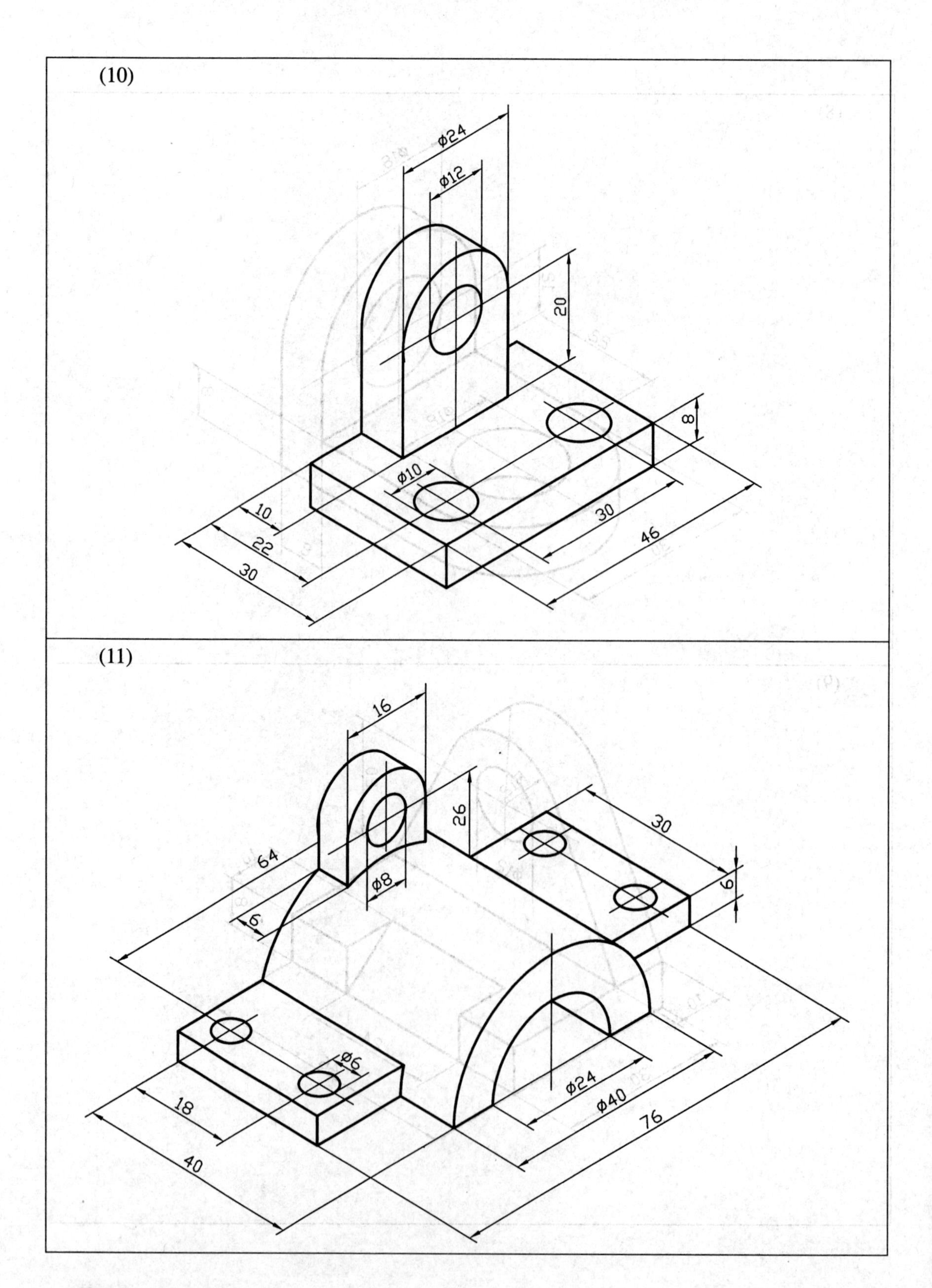
(10)
φ24
φ12
20
8
φ10
10
22
30
30
46
(11)
16
26
30
6
64
6
φ8
φ6
18
40
φ24
φ40
76

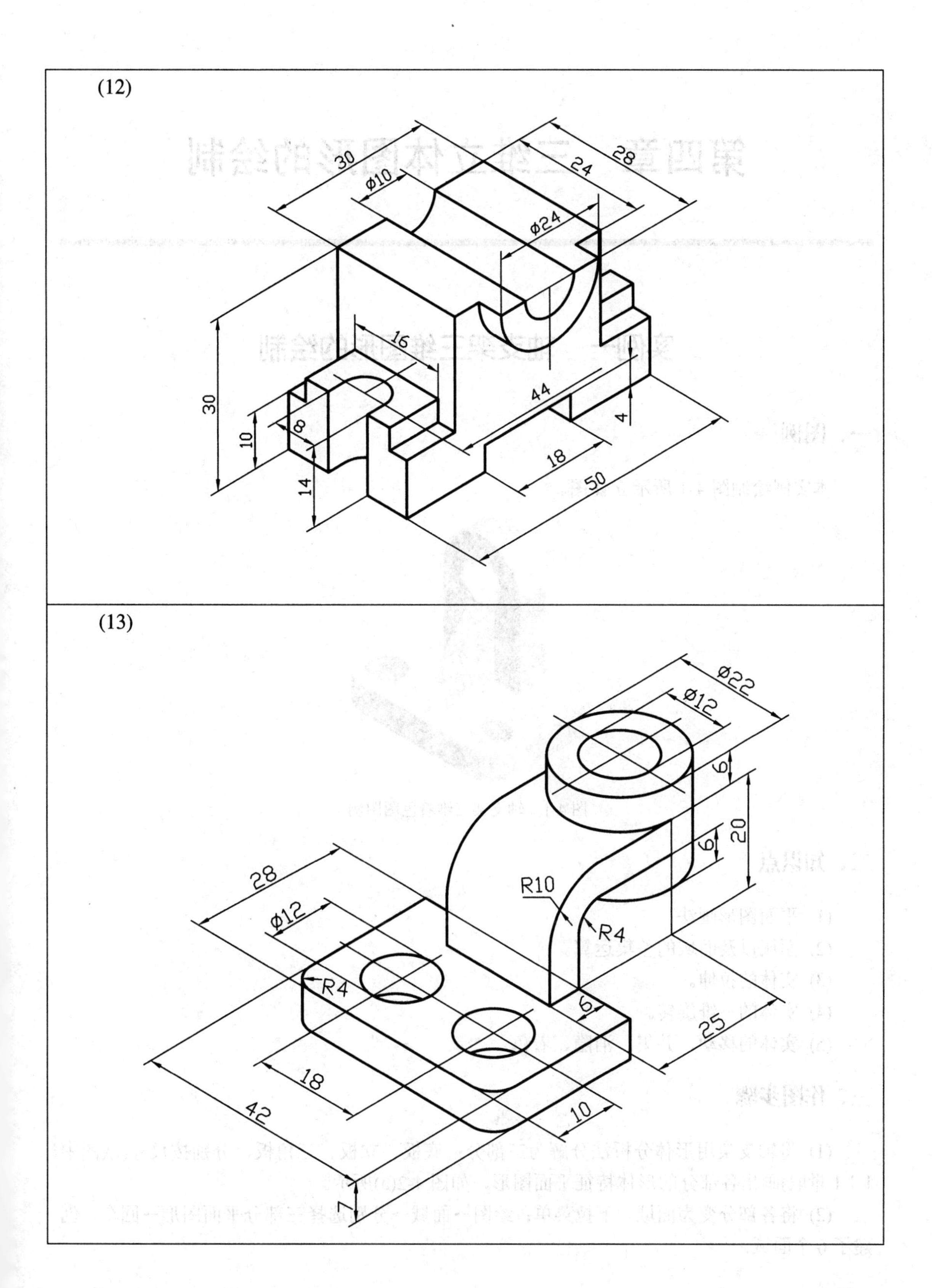

(12)
30
24
28
Ø10
Ø24
16
30
10
8
44
4
14
18
50
(13)
Ø22
Ø12
6
20
6
28
Ø12
R10
R4
R4
6
25
18
42
10
7

第四章　三维立体图形的绘制

实例一　轴支架三维图形的绘制

一、图例

本实例绘制图 4-1 所示立体图。

图 4-1　轴支架三维着色图图例

二、知识点

(1) 平面图形画法。
(2) 面域以及面域的差集运算。
(3) 实体的拉伸。
(4) 实体的三维旋转。
(5) 实体的移动、并集、消隐、着色。

三、作图步骤

(1) 将轴支架用形体分析法分解为三部分：底板、立板、三角板，分别按尺寸(从图中1∶1 量取)画出各部分的形体特征平面图形，如图 4-2(a)所示。

(2) 将各部分变为面域。下拉菜单：绘图→面域→分别选择三部分平面图形→回车。创建了 6 个面域。

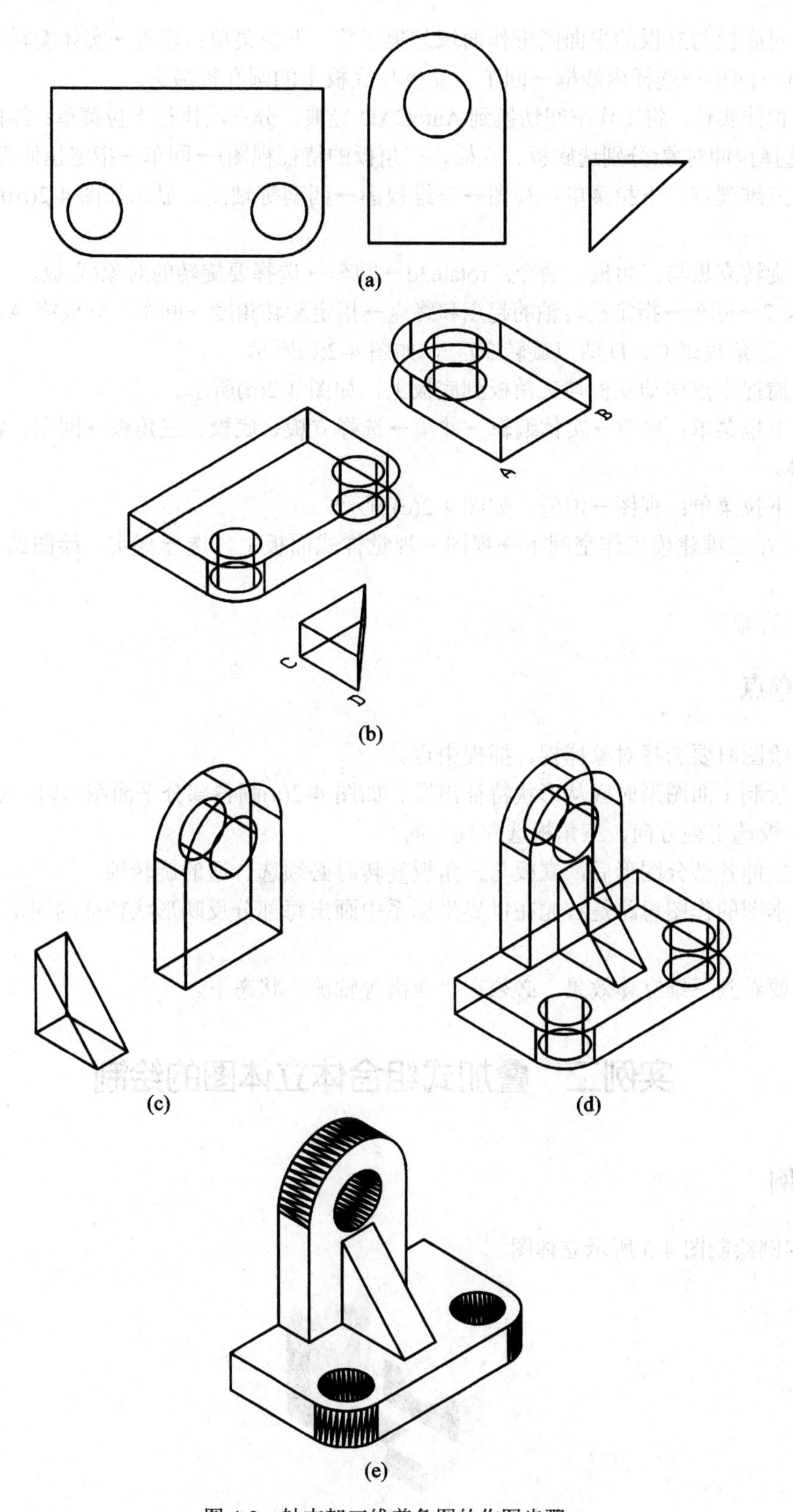

图 4-2　轴支架三维着色图的作图步骤

(3) 对底板与立板的平面图形作面域差集运算。下拉菜单：修改→实体编辑→差集→选择外线框→回车→选择内线框→回车。立板与底板上的圆孔被减去。

(4) 拉伸实体。将工作空间切换到 AutoCAD 经典，分三次执行下拉菜单：绘图→建模→拉伸→选择拉伸对象(分别选底板、立板、三角板的特征视图)→回车→指定拉伸高度→回车。

(5) 三维观察。下拉菜单：视图→三维视图→西南等轴测。显示如图 4-2(b)所示的立体效果。

(6) 旋转立板与三角板。命令：rotate3d→回车→选择要旋转的对象(立板、三角板)→回车→输入 2→回车→指定旋转轴的起点和终点→指定旋转角度→回车。立板绕 A、B 两点旋转 90°，三角板绕 C、D 两点旋转 90°，如图 4-2(c)所示。

(7) 捕捉中点移动立板与三角板到底板上，如图 4-2(d)所示。

(8) 下拉菜单：修改→实体编辑→并集→选择立板、底板、三角板→回车，将三部分合并为一体。

(9) 下拉菜单：视图→消隐，如图 4-2(e)所示。

(10) 在三维建模工作空间下→视图→视觉样式面板上，选择真实。绘图结果如图 4-1 所示。

(11) 存盘。

四、注意点

(1) 绘图时要选择对象捕捉，捕捉中点。

(2) 绘制平面图形时应从形状特征出发。如图 4-2(a)画各部分平面图形时，底板选俯视方向，立板选主视方向，三角板选左视方向。

(3) 拉伸各部分图形后，立板与三角板旋转时必须选合适的旋转轴。

(4) 本图的作图思路是首先在世界坐标系中画出每部分反映形状特征的图形，拉伸后再旋转。

(5) 要看到三维立体效果，必须在“西南等轴测”状态下。

实例二　叠加式组合体立体图的绘制

一、图例

本实例绘制图 4-3 所示立体图。

图 4-3　叠加式组合体三维立体着色图图例

二、知识点

(1) 用户坐标系的定义方法。

(2) 实体的拉伸、移动方法，并集方法。

(3) 组合体的形体分析方法。

(4) 对象捕捉的运用。

三、作图步骤

(1) 在 AutoCAD 经典工作空间下，下拉菜单：视图→三维视图→西南等轴测，进入显示立体效果的状态。在西南等轴测的 XY 平面上绘制底板的平面图形并变为面域，再沿 Z 轴方向拉伸，绘出图 4-4(a)所示图形。

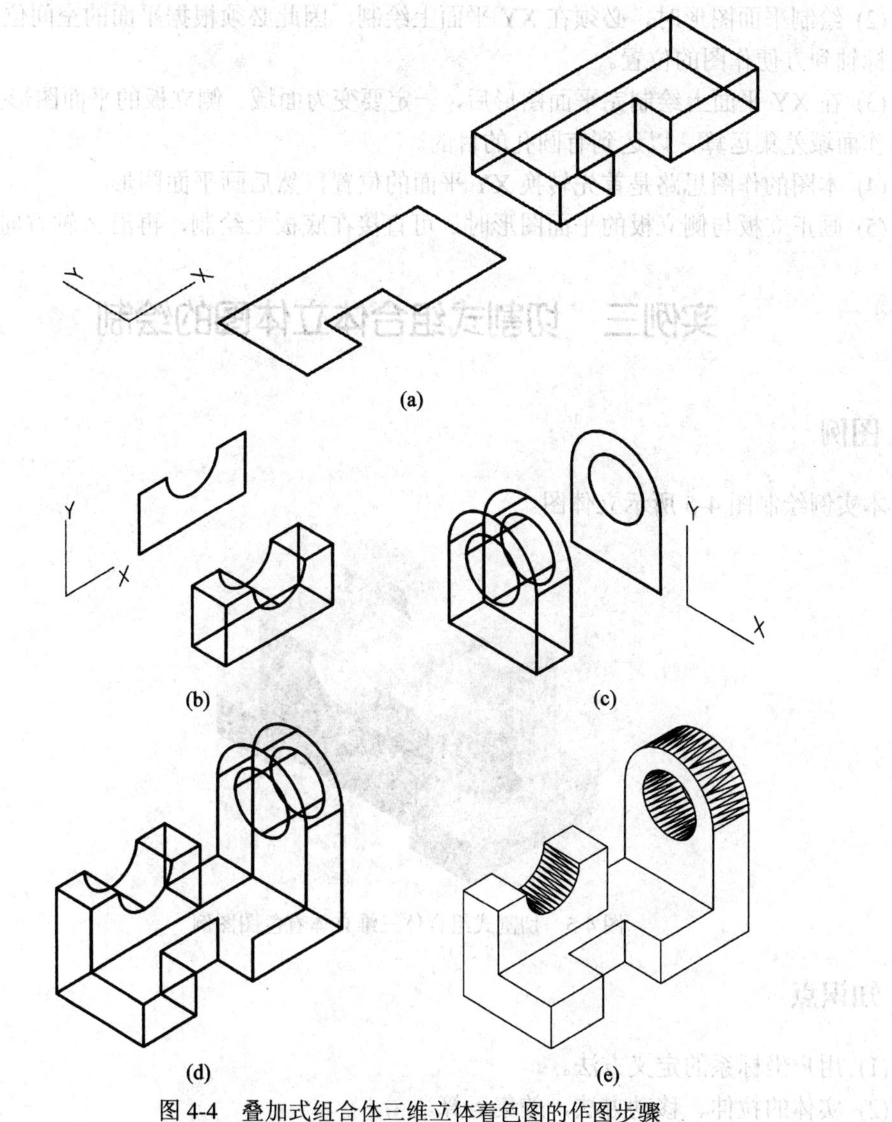

图 4-4　叠加式组合体三维立体着色图的作图步骤

(2) 定义用户坐标系。命令行输入 UCS→回车→新建(N)→回车→输入 X→回车→指定绕 X 轴的旋转角度(输入 90°)→回车。此时 XY 平面转到正平面位置，画出正立板的平面图形并变为面域后拉伸，绘出图 4-4(b)所示图形。

(3) 同上方法定义用户坐标系，使 XY 平面旋转到侧平面位置，画出侧立板的平面图形，变为面域并作面域差集运算，拉伸，绘出图 4-4(c)所示图形。

(4) 将正立板与侧立板移动到底板上并作实体并集，绘出图 4-4(d)所示图形。

(5) 下拉菜单：视图→消隐，如图 4-4(e)所示。

(6) 三维建模工作空间下→视图→真实。绘图结果如图 4-3 所示。

四、注意点

(1) 移动正立板与侧立板时，要捕捉端点并准确定位到底板上。

(2) 绘制平面图形时，必须在 XY 平面上绘制，因此必须根据平面的空间位置旋转 X、Y 坐标轴到方便作图的位置。

(3) 在 XY 平面上绘制完平面图形后，一定要变为面域。侧立板的平面图形变为面域后还要作面域差集运算，以达到有圆孔的目的。

(4) 本图的作图思路是首先转换 XY 平面的位置，然后画平面图形。

(5) 画正立板与侧立板的平面图形时，可直接在底板上绘制，再沿 Z 轴方向拉伸。

实例三　切割式组合体立体图的绘制

一、图例

本实例绘制图 4-5 所示立体图。

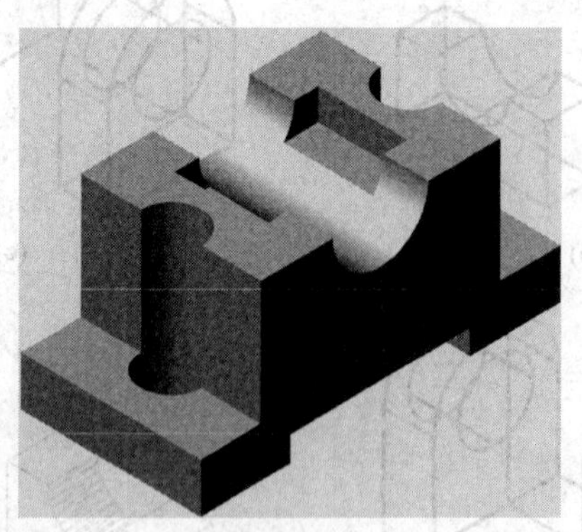

图 4-5　切割式组合体三维立体着色图图例

二、知识点

(1) 用户坐标系的定义方法。

(2) 实体的拉伸、移动方法，差集运算。

(3) 熟悉正等轴测图的基本知识。

三、作图步骤

(1) 在 AutoCAD 经典工作空间下，下拉菜单：视图→三维视图→西南等轴测，进入显示立体效果的状态。在西南等轴测的 XY 平面上绘制圆柱的平面图形，并沿 Z 轴方向拉伸，绘出图 4-6(a)所示图形。

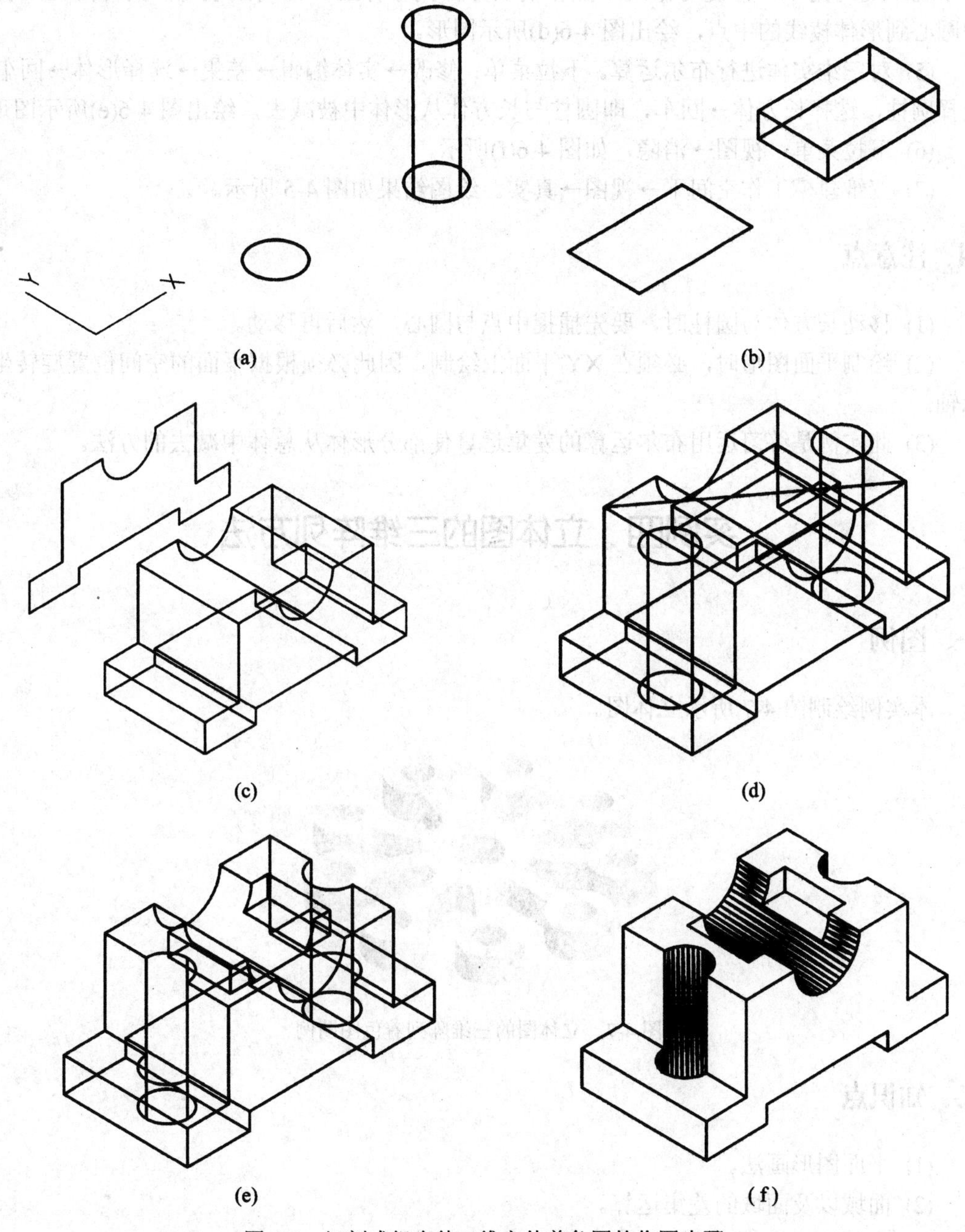

图 4-6　切割式组合体三维立体着色图的作图步骤

(2) 在西南等轴测的XY平面上绘制长方体的平面图形并变为面域，再沿Z轴方向拉伸，绘出图4-6(b)所示图形。

(3) 定义用户坐标系。命令行输入UCS→回车→新建(N)→回车→输入X→回车→指定绕X轴的旋转角度(输入90°)→回车。此时XY平面转到正平面位置，在XY平面内画出形体前表面的平面图形并变为面域后拉伸，绘出图4-6(c)所示图形。

(4) 移动圆柱与长方体到规定位置。移动长方体时，在形体与长方体的上表面分别画出一条辅助的对角线，捕捉对角线中点移动长方体到形体上；移动圆柱时，捕捉圆柱上表面的圆心到形体棱线的中点，绘出图4-6(d)所示图形。

(5) 对三维实体进行布尔运算。下拉菜单：修改→实体编辑→差集→选择形体→回车→选择圆柱，选择长方体→回车，即圆柱与长方体从形体中被减去，绘出图4-6(e)所示图形。

(6) 下拉菜单：视图→消隐，如图4-6(f)所示。

(7) 三维建模工作空间下→视图→真实。绘图结果如图4-5所示。

四、注意点

(1) 移动长方体与圆柱时，要先捕捉中点与圆心，然后再移动。

(2) 绘制平面图形时，必须在XY平面上绘制，因此必须根据平面的空间位置旋转坐标轴。

(3) 此实例是练习运用布尔运算的差集运算使部分形体从总体中减去的方法。

实例四　立体图的三维阵列方法

一、图例

本实例绘制图4-7所示立体图。

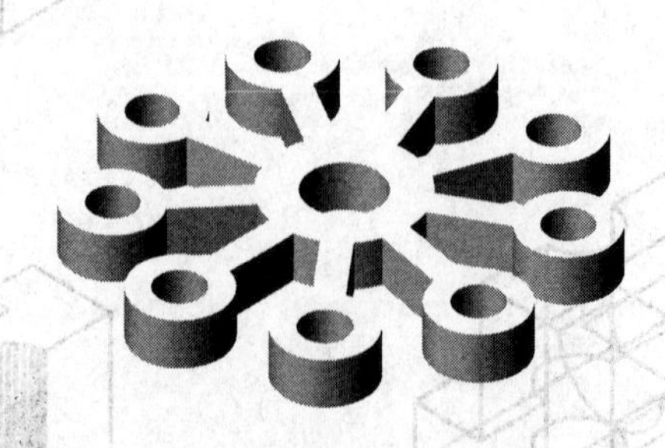

图4-7　立体图的三维阵列着色图图例

二、知识点

(1) 平面图形画法。

(2) 面域以及面域的差集运算。

(3) 实体的拉伸。

(4) 实体的三维阵列。

(5) 实体消隐、着色。

三、作图步骤

(1) 下拉菜单：视图→三维视图→西南等轴测，进入显示立体效果的状态。画出平面图形，如图 4-8(a)所示。

(2) 将平面图形变为面域。下拉菜单：绘图→面域→选择对象→回车。创建了三个面域。

(3) 对平面图形作面域差集运算。下拉菜单：修改→实体编辑→差集→选择外线框→回车→选择内线框两个圆→回车。

(4) 拉伸实体。下拉菜单：绘图→建模→拉伸→选择拉伸对象→回车→指定拉伸高度→回车。绘出图 4-8(b)所示图形。

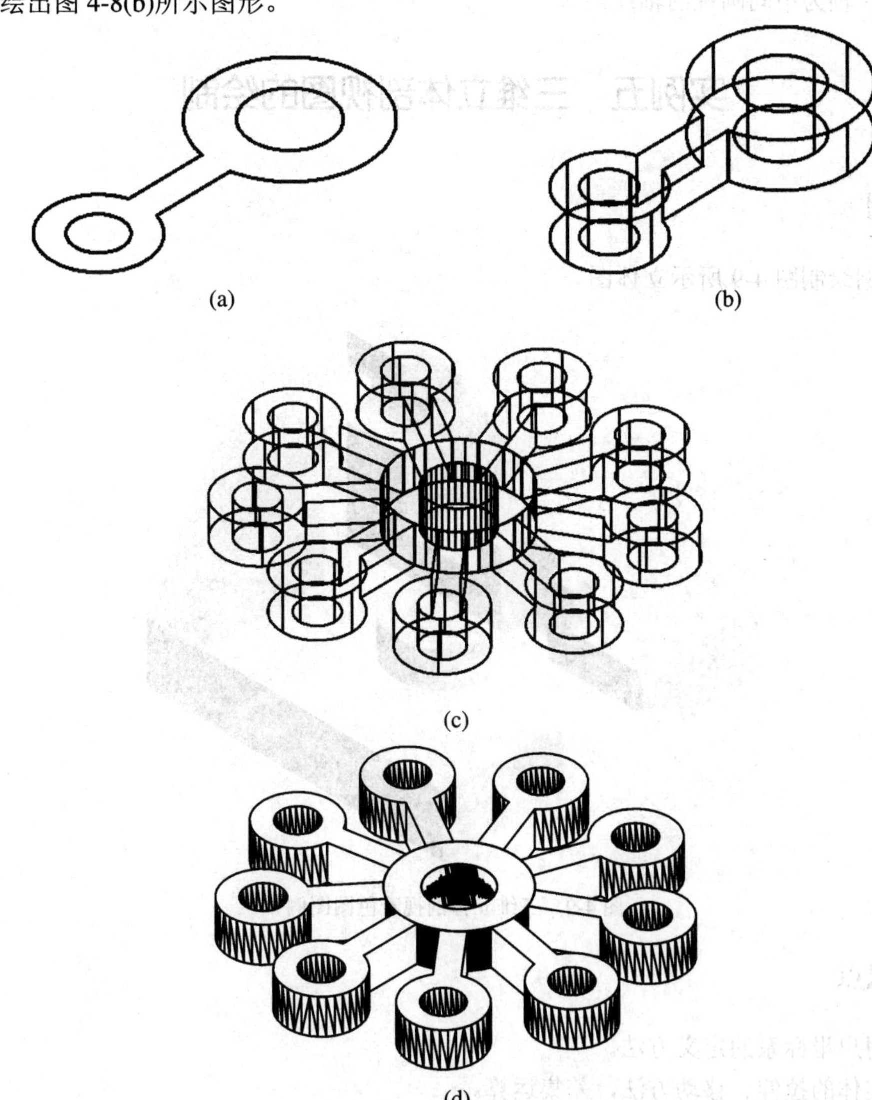

图 4-8　立体图的三维阵列着色图的作图步骤

(5) 环形阵列物体。下拉菜单：修改→三维操作→三维阵列→选择要阵列的物体→回车→输入 P 指定环形阵列→回车→输入要阵列的项目数 9→回车→指定阵列物体的角度，输入 360→回车→旋转阵列对象，输入 Y，否则输入 N→回车→指定旋转轴的起点和终点，分别捕捉中间圆柱上、下圆的圆心。阵列后的效果如图 4-8(c)所示。

(6) 下拉菜单：视图→消隐，如图 4-8(d)所示。

(7) 三维建模工作空间下→视图→真实。绘图结果如图 4-7 所示。

四、注意点

(1) 环形阵列时要捕捉圆心。

(2) 三维环形阵列时阵列的中心点为两点，即绕着两点所确定的轴作环形阵列。本实例的立体旋转轴为中间圆柱的轴线。

实例五　三维立体剖视图的绘制

一、图例

本实例绘制图 4-9 所示立体图。

图 4-9　三维立体剖视着色图图例

二、知识点

(1) 用户坐标系的定义方法。

(2) 实体的拉伸、移动方法，差集运算。

(3) 三维立体的剖切方法。

三、作图步骤

(1) 在 AutoCAD 经典工作空间下，下拉菜单：视图→三维视图→西南等轴测，进入显示立体效果的状态。在西南等轴测的 XY 平面上，分别绘制两个大小不同圆柱的平面图形，变为面域后沿 Z 轴方向拉伸，绘出图 4-10(a)所示图形。

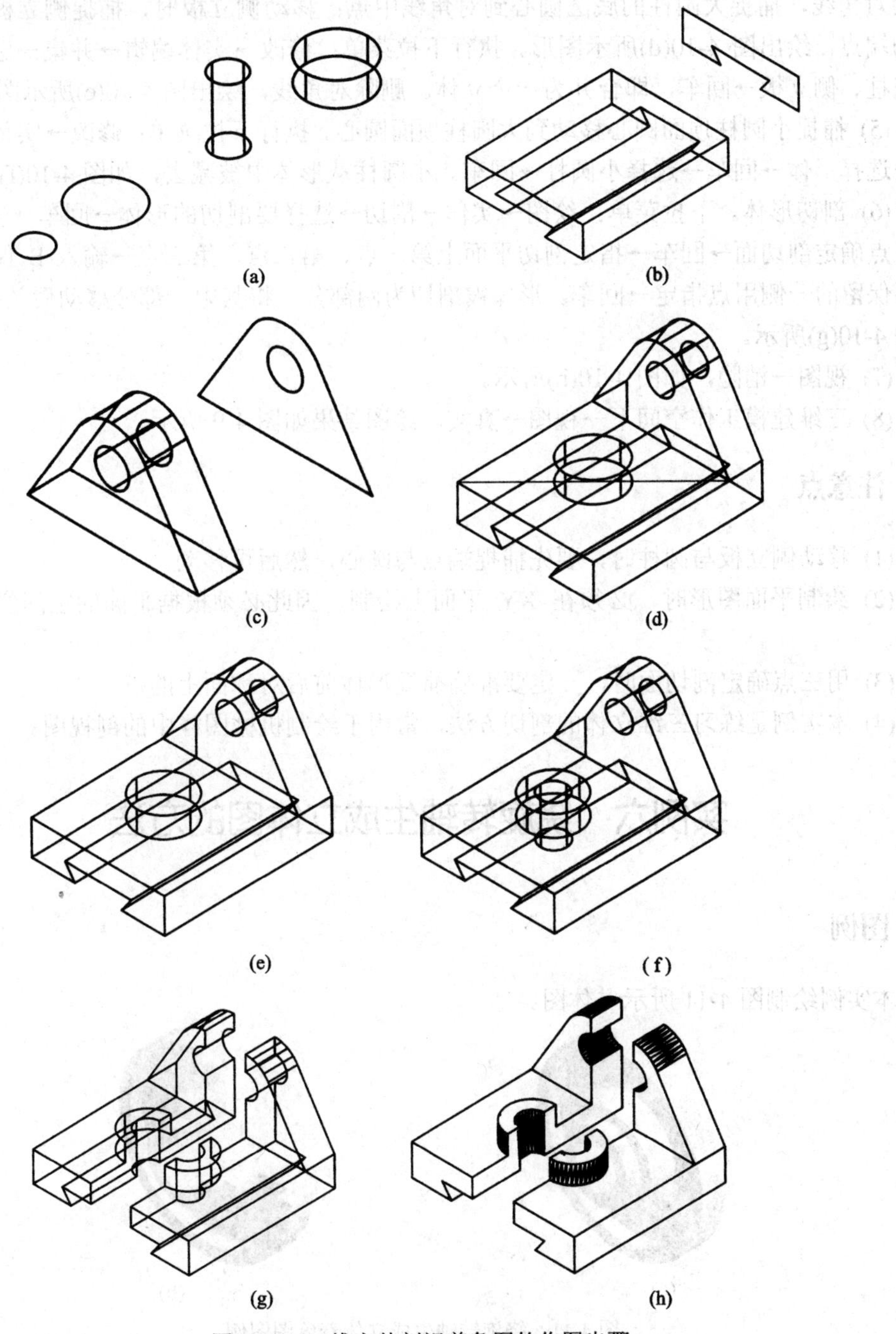

图 4-10　三维立体剖视着色图的作图步骤

(2) 定义用户坐标系，使 X、Y 轴确定的平面在侧平面位置。画底板左侧面的平面图形，变为面域后沿 Z 轴方向拉伸，绘出图 4-10(b)所示图形。

(3) 在 X、Y 轴确定的平面上，使绘制侧立板的平面图形变为面域，并作差集运算，再沿 Z 轴方向拉伸，绘出图 4-10(c)所示图形。

(4) 移动大圆柱与侧立板到底板的规定位置。移动大圆柱时，在底板的上表面画出一条辅助对角线，捕捉大圆柱的底圆圆心到对角线中点；移动侧立板时，捕捉侧立板端点到底板的端点，绘出图 4-10(d)所示图形。执行下拉菜单：修改→实体编辑→并集→选择底板、大圆柱、侧立板→回车，即合并为一个立体。删除对角线，绘出图 4-10(e)所示图形。

(5) 捕捉小圆柱顶面圆心移动到大圆柱顶面圆心。执行下拉菜单：修改→实体编辑→差集→选择形体→回车→选择小圆柱→回车。小圆柱从形体中被减去，如图 4-10(f)所示。

(6) 剖切形体。下拉菜单：绘图→实体→剖切→选择要剖切的形体→回车→输入 3，即用三点确定剖切面→回车→指定剖切平面上第一点、第二点、第三点→输入 B 保留两侧或在要保留的一侧用点指定→回车。形体被剖切为两部分，将其中一部分移动后效果更清楚。如图 4-10(g)所示。

(7) 视图→消隐，如图 4-10(h)所示。

(8) 三维建模工作空间下→视图→真实。绘图结果如图 4-9 所示。

四、注意点

(1) 移动侧立板与圆柱时，要先捕捉端点与圆心，然后再移动。

(2) 绘制平面图形时，必须在 XY 平面上绘制，因此必须根据平面的空间位置旋转坐标轴。

(3) 用三点确定剖切面时，一定要准确捕捉形体前后对称面上的点。

(4) 本实例是练习三维立体的剖切方法，常用于绘制机械图样中的剖视图。

实例六　绕旋转轴生成立体图的方法

一、图例

本实例绘制图 4-11 所示立体图。

(a)

(b)

图 4-11　绕旋转轴生成立体着色图图例

(a) 旋转角 360°；(b) 旋转角−270°

二、知识点

(1) 平面图形画法。

(2) 平面图形变为面域的方法。

(3) 实体的旋转。

(4) 实体的消隐、着色。

三、作图步骤

(1) 下拉菜单：视图→三维视图→西南等轴测，进入显示立体效果的状态。画出平面图形及旋转轴，如图 4-12(a)所示。

(2) 将平面图形变为面域。下拉菜单：绘图→面域→选择对象→回车。创建了 1 个面域。

(3) 旋转实体。下拉菜单：绘图→建模→旋转→选择已变为面域的平面图形→回车→指定对象方式定义轴(输入 O) →回车→指定旋转轴→回车→指定旋转角度，输入 360° 或 −270° →回车。

(4) 下拉菜单：视图→消隐，如图 4-12(b)、(c)所示。

(5) 三维建模工作空间下→视图→真实。绘图结果如图 4-11(a)、(b)所示。

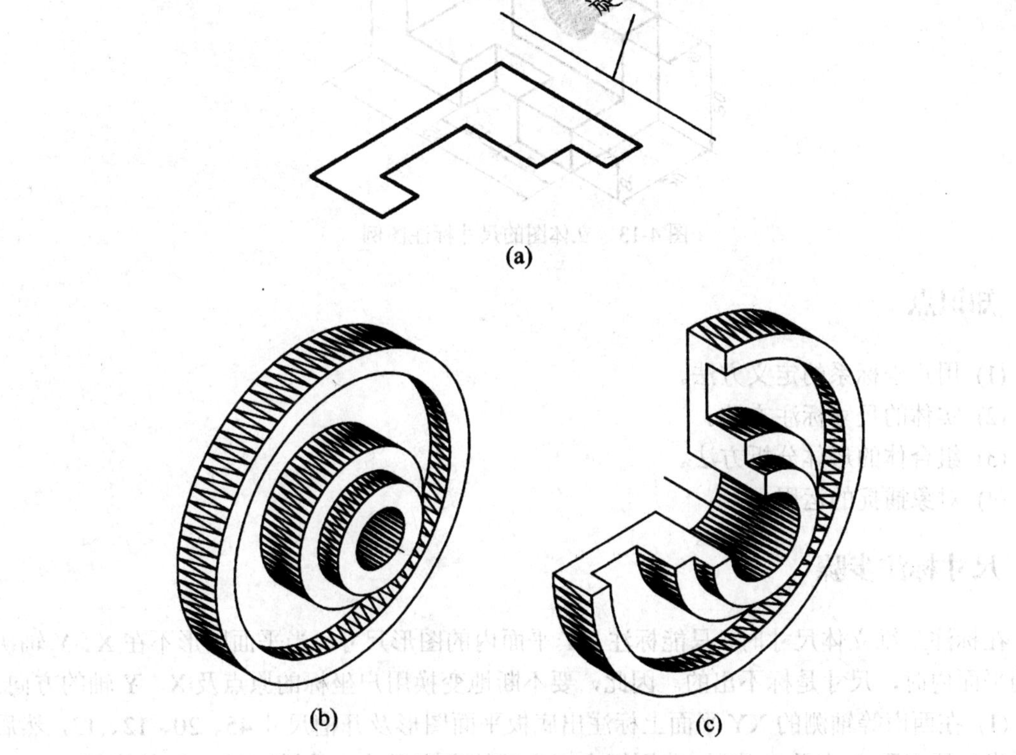

图 4-12　绕旋转轴生成立体着色图的作图步骤

四、注意点

(1) 非闭合图形不能旋转。

(2) 要旋转的图形一定要变为面域。

(3) 旋转角度可根据需要确定，可输入正、负值。不同旋转角度、不同的旋转轴，其旋转后的效果不同。

实例七　立体图的尺寸标注方法

一、图例

本实例按图 4-13 所示标注尺寸。

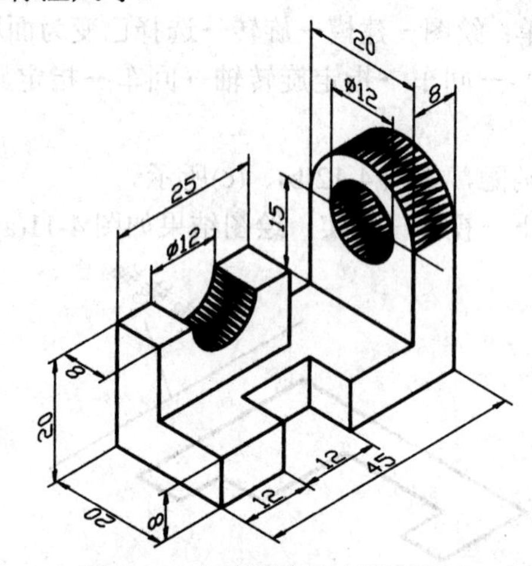

图 4-13　立体图的尺寸标注图例

二、知识点

(1) 用户坐标系的定义方法。

(2) 实体的尺寸标注方法。

(3) 组合体的形体分析方法。

(4) 对象捕捉的运用。

三、尺寸标注步骤

在标注三维立体尺寸时，只能标注 XY 平面内的图形尺寸。当平面图形不在 X、Y 轴决定的平面内时，尺寸是标不出的。因此，要不断地变换用户坐标的原点及 X、Y 轴的方向。

(1) 在西南等轴测的 XY 平面上标注出底板平面图形及开槽尺寸 45、20、12、12，然后移动坐标原点到 A 点及 B 点处，分别标出正立板的宽度尺寸 8 及槽深尺寸 8，绘出图 4-14(a)所示图形。

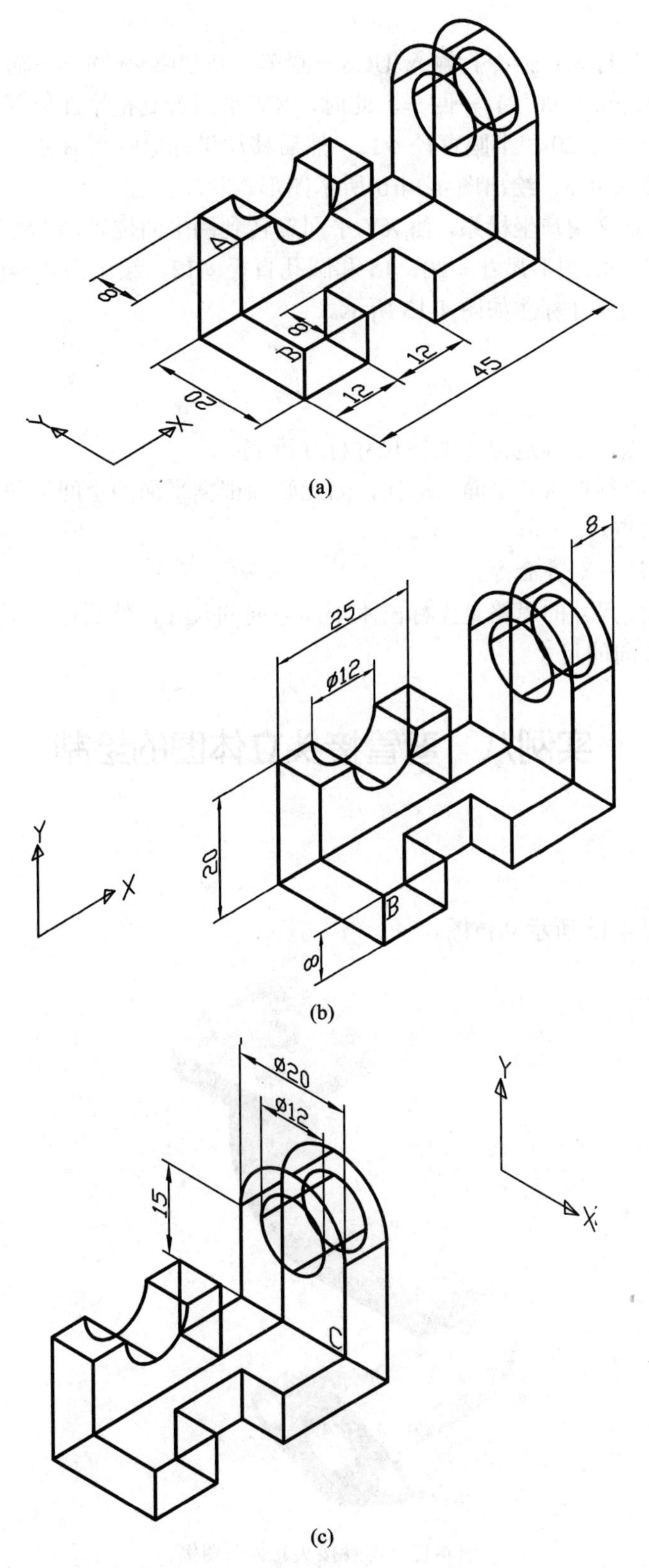

图 4-14　立体图的尺寸标注步骤

(2) 定义用户坐标系：命令行输入 UCS→回车→新建(N)→回车→输入 X→回车→指定绕 X 轴的旋转角度(输入 90°)→回车。此时，XY 平面转到正平面位置。标注出正立板的后方平面图形尺寸 25、20 和半圆直径 ϕ12，然后移动坐标原点到 B 点处，标出底板高度尺寸 8 及侧立板长度尺寸 8，绘出图 4-14(b)所示图形。

(3) 同上方法定义用户坐标系，使 XY 平面旋转到侧平面位置，并将坐标原点移到 C 点处，标出侧立板的平面图形尺寸 ϕ20、15 和圆孔直径 ϕ12，绘出图 4-14(c)所示图形。

(4) 最后完成的尺寸标注如图 4-13 所示。

四、注意点

(1) 要捕捉端点、准确定位才能使尺寸标注准确。

(2) 图形尺寸必须在 XY 平面上标注，因此必须根据平面的空间位置旋转 X、Y 坐标轴及移动用户坐标原点。

(3) 要执行标注→对齐命令。

(4) 本实例标注尺寸的思路是先标出水平面方向的尺寸，然后标出正平面方向的尺寸，最后标出侧平面方向的尺寸。

实例八　弯管接头立体图的绘制

一、图例

本实例绘制图 4-15 所示立体图。

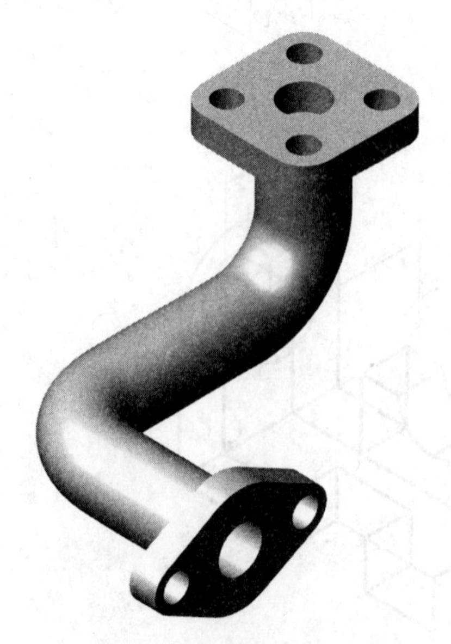

图 4-15　弯管接头立体图图例

二、知识点

(1) 用户坐标的定义方法，理解坐标轴的空间方向及位置。

(2) 实体的拉伸、移动、扫掠及并集方法。

(3) 对象捕捉的方法。

三、作图步骤

(1) 将“工作空间”工具栏中的下拉列表切换到“AutoCAD 经典”，进入 AutoCAD 经典工作空间，执行视图→三维视图→西南等轴测，进入显示立体效果状态。在西南等轴测的 XY 平面上绘制水平底板的平面图，并变面域和作面域差集运算，再沿 Z 轴方向拉伸 6。如图 4-16(a)所示。

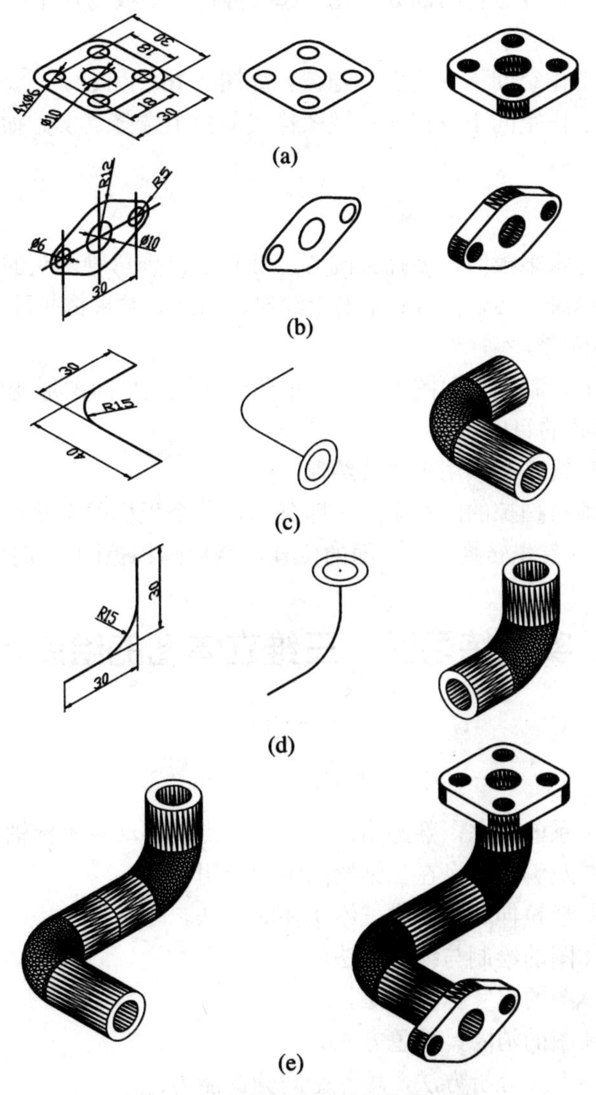

图 4-16　弯管接头立体图作图步骤

(2) 定义用户坐标系：命令行输入 UCS→回车→新建(N)→回车→输入 X→回车→指定绕 X 轴的旋转角度(输入 90°)→回车。此时 XY 平面转到正平面位置。画出前立板的平面图形，变面域，进行差集运算并拉伸 6。如图 4-16(b)所示。

(3) 同上方法定义用户坐标：使 XY 平面旋转到水平面位置，用多段线画出长为 30 的 X 方向直线、长为 40 的 Y 方向直线，并用 R15 倒圆角，再将 XY 平面旋转到正平面位置，画出 $\phi10$、$\phi16$ 两圆，将两圆变为面域，执行修改→实体编辑→差集。

(4) 将工作空间切换到三维建模，执行实体→扫掠→选择要扫掠的对象(选择圆)→回车→选择扫掠路径或[对齐(A)/基点(B)/比例(S)/扭曲(T)](选择多段线)→回车。如图 4-16(c)。

(5) 在 XY 正平面位置时，绘制出多段线，X、Y 方向长都为 30，并用 R15 倒圆角，在 XY 水平面位置时，画出 $\phi10$、$\phi16$ 两圆，将两圆变为面域，执行修改→实体编辑→差集。将圆沿多段线扫掠，如图 4-16(d)。

(6) 执行移动命令，将弯管两部分并在一起，再将正立板与水平板移动到弯管两头，并作实体并集。

(7) 在三维建模工作空间下→视图→隐藏。如图 4-16(e)所示。

(8) 在三维建模工作空间下→视图→视图样式面板上选择真实。如图 4-15 所示。

四、注意点

(1) 移动正立板与水平板时，要捕捉圆心，准确定位到弯管两头的圆心上。

(2) 绘制平面图形时，必须在 XY 平面上绘制，因此必须根据平面的空间位置旋转坐标轴 XY 到方便作图的位置。

(3) 在 XY 平面上绘制完平面图形后，一定要变面域。平面图形变面域后还要作面域差集运算，以达到有圆孔的目的。

(4) 弯管路径为折线，必须用多段线绘制。

(5) 扫掠对象必须与扫掠的路径垂直，即分别在两个坐标面上绘制扫掠和路径图形。

本图的作图思路是首先转换 XY 平面的位置，然后画扫掠图形和扫掠路径。

实训练习四　三维立体图的绘制

一、练习目的

(1) 掌握用户坐标系的建立，熟悉用户坐标系原点的移动及坐标轴旋转方法。

(2) 熟悉二维绘图及编辑命令在三维绘图中的应用。

(3) 掌握将二维图形拉伸和旋转成三维实体的方法。

(4) 掌握三维立体图的绘制与编辑方法。

(5) 掌握三维立体图的尺寸标注方法。

(6) 掌握三维立体图的消隐、着色方法。

(7) 熟悉立体图的形体分析方法，培养空间分析能力。

二、练习要求

(1) 参照图例绘制立体图，其中有尺寸标注的按尺寸绘制，并标注尺寸，未标注尺寸的从立体图中量取尺寸绘制。

(2) 练习前要仔细分析立体，可将立体分解为几部分，分别画出各部分然后移动、并集。

(3) 画各部分的平面图形时，要根据空间位置旋转坐标轴，使 XY 轴确定的绘图面方便作图。

三、练习图例

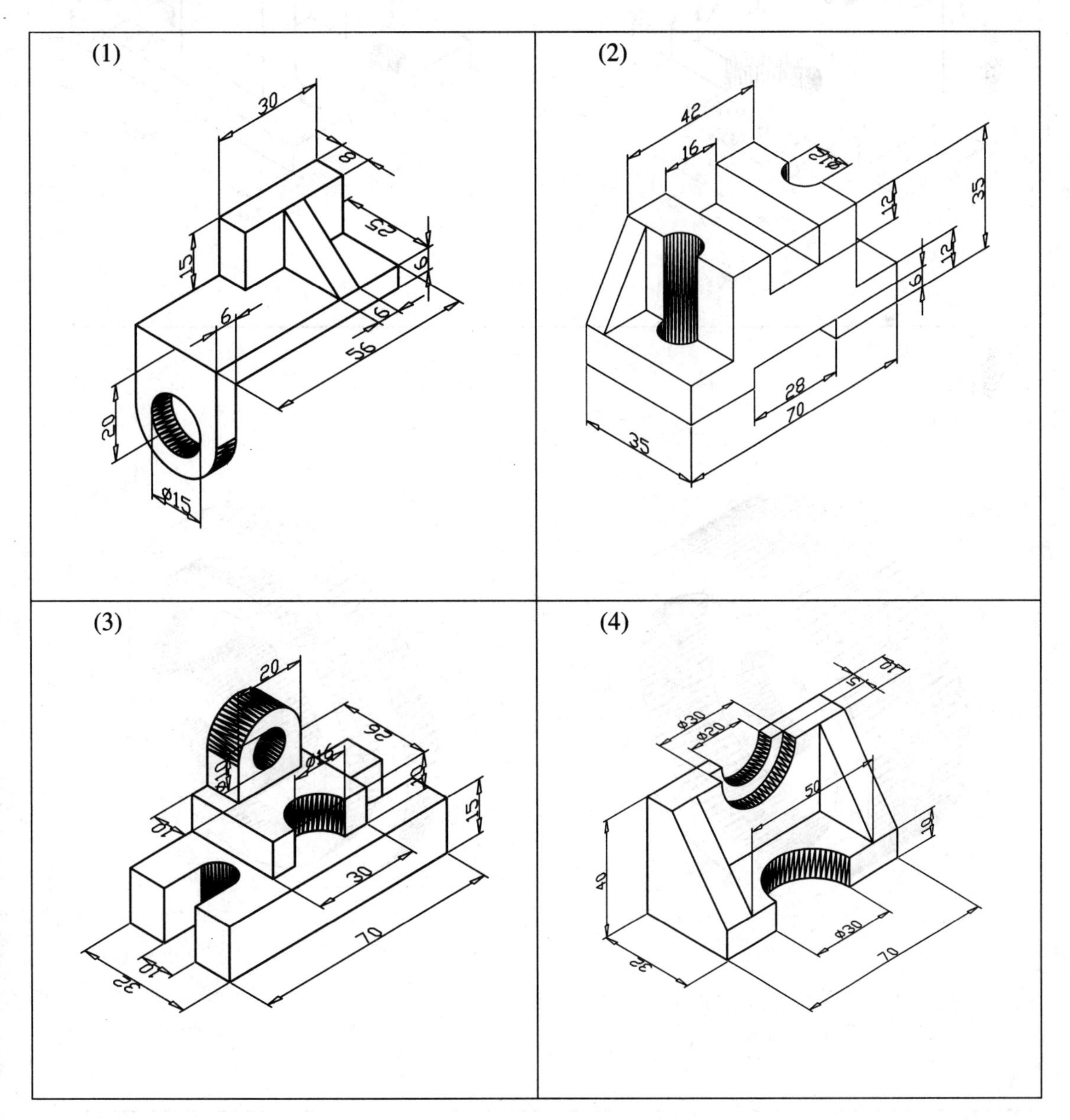

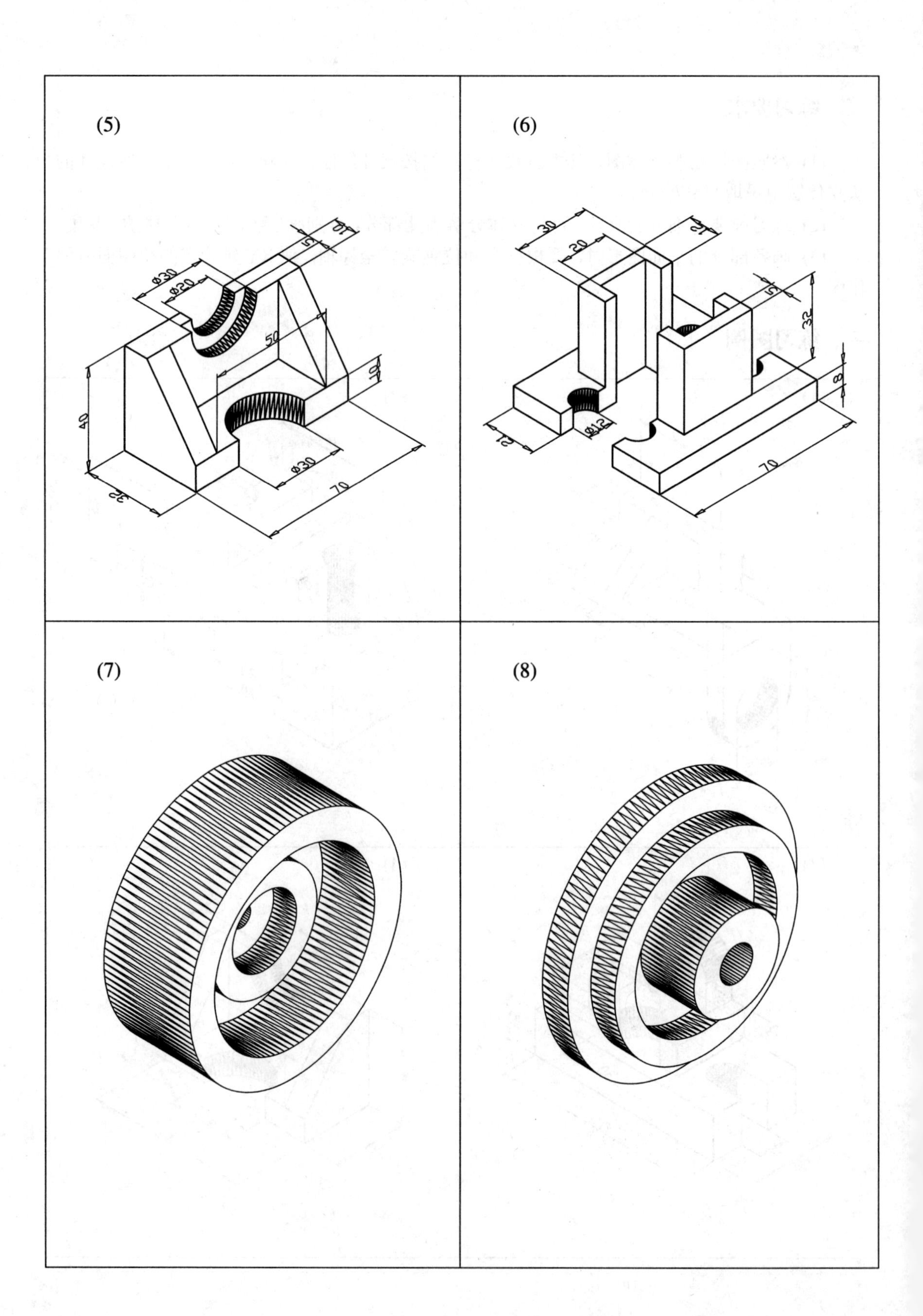

(5)
ø30
ø20
5
10
50
10
40
ø30
32
70
(6)
30
20
12
5
32
8
12
ø12
70
(7)
(8)

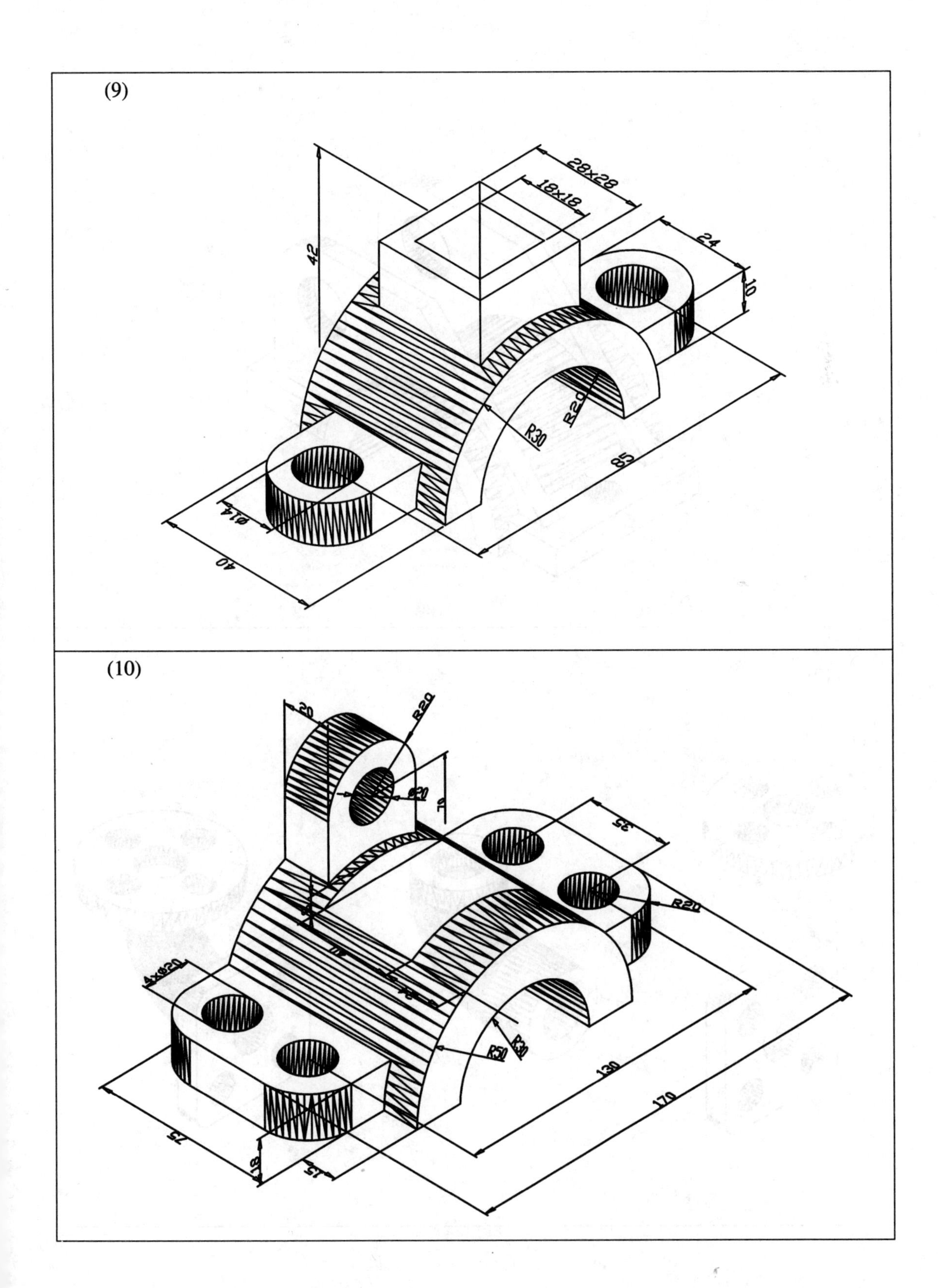
(9)
28x28
18x18
42
24
10
R20
R30
85
Ø14
40
(10)
20
R20
Ø20
70
35
R20
4xØ20
R50
R30
130
170
75
18
15

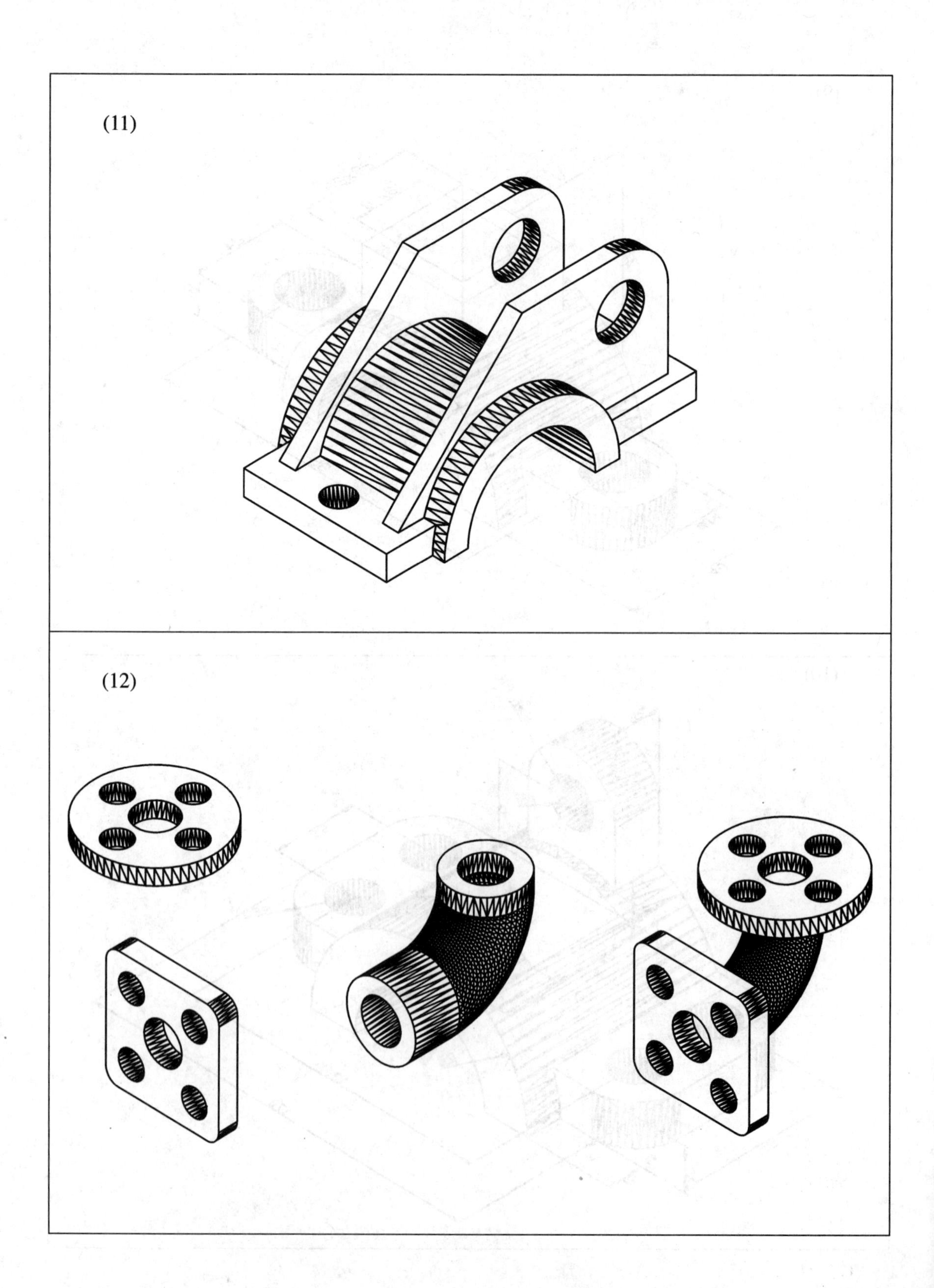
(11)
(12)

第五章　标准件与零件图的绘制

实例一　直齿圆柱齿轮

一、图例

本实例绘制图 5-1 所示图形。

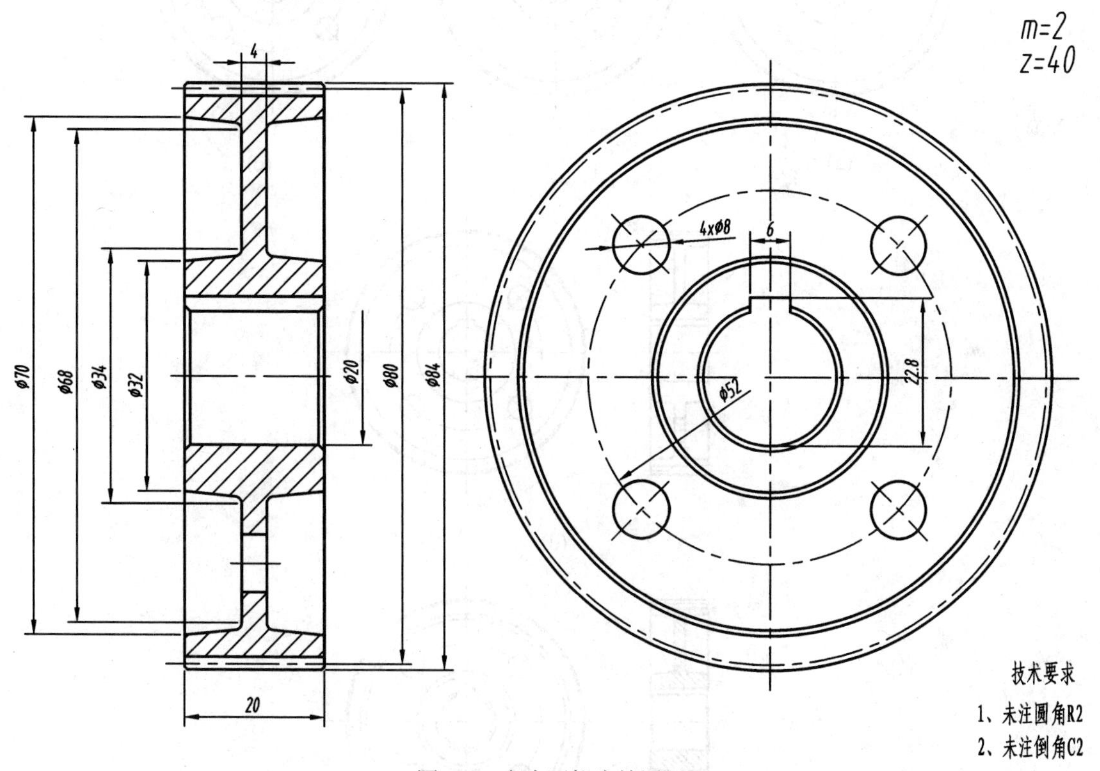

图 5-1　直齿圆柱齿轮图例

二、知识点

(1) 直线、圆的绘制；偏移、修剪、倒角等编辑命令和图案填充方法。

(2) 熟悉直齿圆柱齿轮各部分的尺寸关系、国标规定及其画法。

三、作图步骤

(1) 设置图层，将中心线置为当前层，绘制水平与铅垂中心线及点画线圆；将粗实线置为当前层，绘制 ϕ84、ϕ80、ϕ70 等多个同心圆，如图 5-2(a)所示。

(2) 将水平中心线、铅垂中心线分别偏移，修剪图线，绘制键槽，如图 5-2(b)所示。

(3) 将中心线置为当前层，画角度为 45° 的构造线，绘制 ϕ8 的圆，并环形阵列为 4 个，如图 5-2(c)所示。

(4) 按主、左高平齐的关系绘制主视图，修剪图形，如图 5-2(d)所示。

(5) 根据尺寸进行倒角、倒圆，完成主、左视图。在主视图中进行图案填充，如图 5-2(e)所示。

(6) 标注尺寸后存盘，绘图结果参见图 5-1。

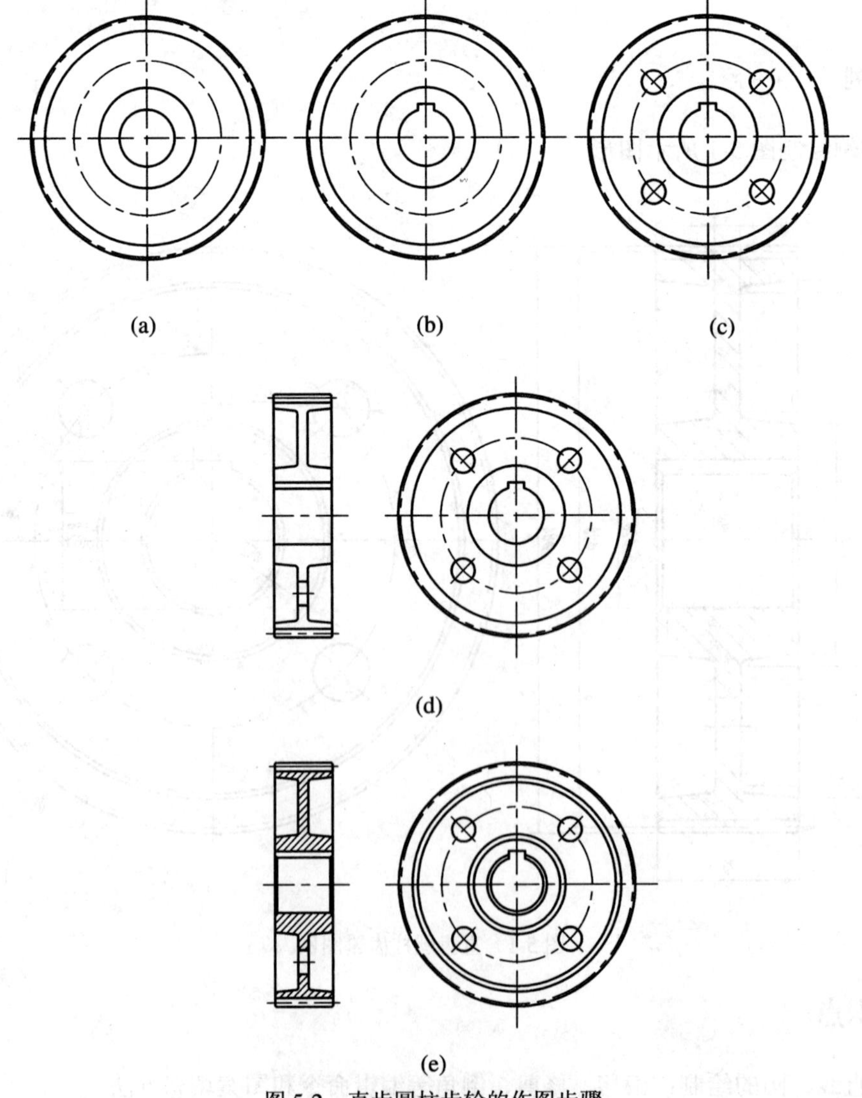

图 5-2 直齿圆柱齿轮的作图步骤

四、注意点

(1) 绘制中心线时将正交模式打开。

(2) 绘制主视图时，打开“对象追踪”和“对象捕捉”模式。

(3) 偏移图线后注意更改图层。

(4) 图案填充时，轮齿部分不应绘制剖面线。

(5) 齿轮图例中尺寸数字的文字样式为大字体“gbeitc.shx”。

实例二　弹　　簧

一、图例

本实例绘制图 5-3 所示图形。

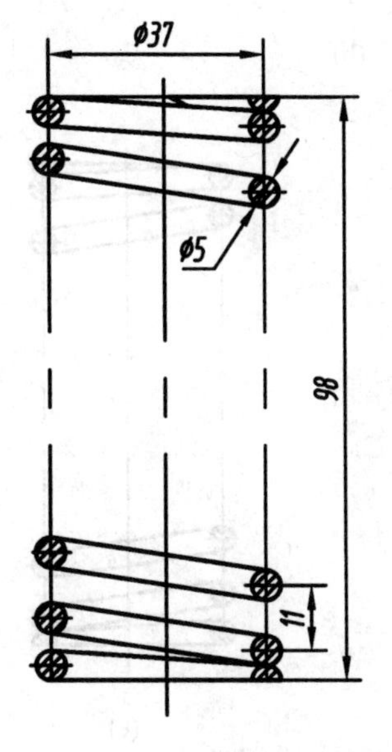

图 5-3　弹簧图例

二、知识点

(1) 直线、圆的绘制；偏移、修剪、夹点编辑方法和图案填充方法。

(2) 熟悉圆柱压缩弹簧的尺寸关系及国标规定画法。

三、作图步骤

(1) 绘制长为 37、高为 98 的矩形，如图 5-4(a)所示。

(2) 将水平线多次偏移，确定圆心位置，并用打断命令去掉多出的线，如图 5-4(b)所示。

(3) 绘制直径为 $\phi5$ 的圆，并复制，如图 5-4(c)所示。

(4) 绘制圆的外公切线，如图 5-4(d)所示。

(5) 进行图案填充，如图 5-4(e)所示。

(6) 标注尺寸后存盘，绘图结果参见图 5-3。

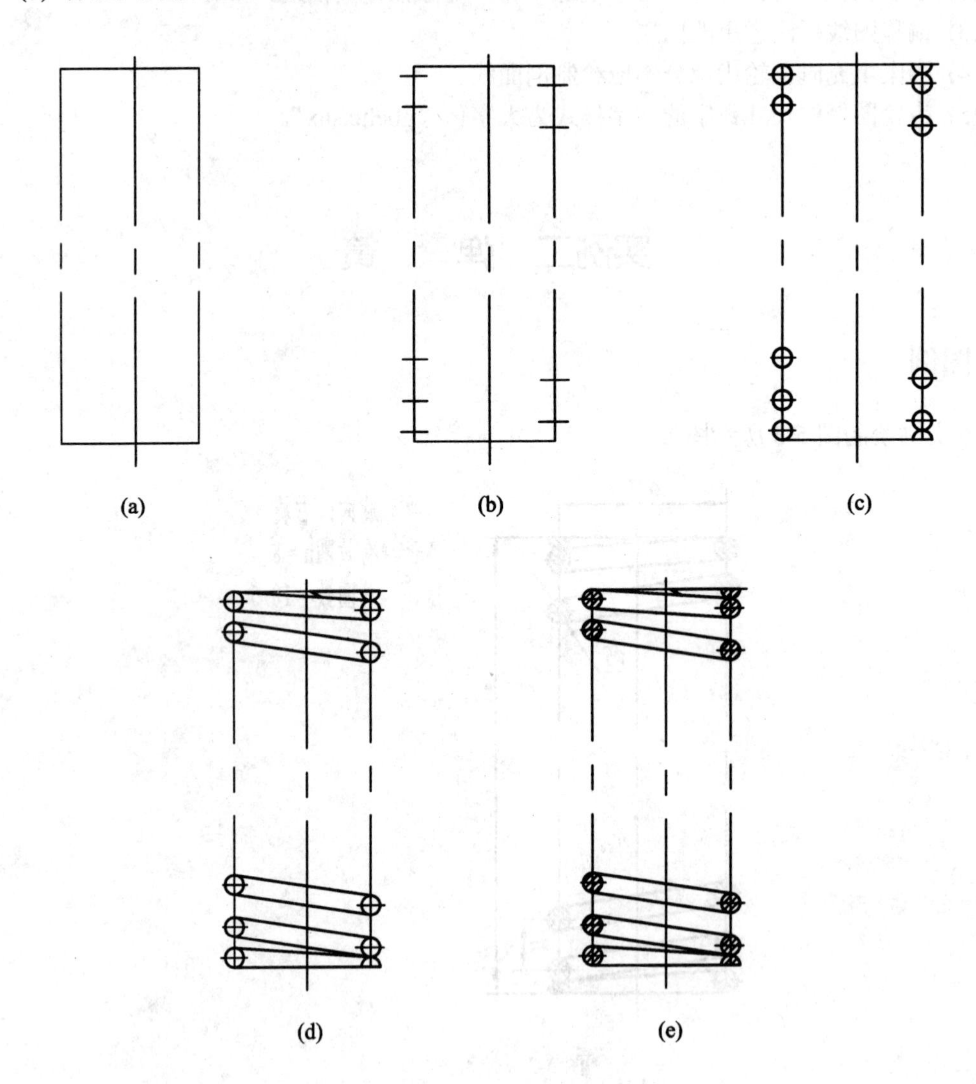

图 5-4 弹簧的作图步骤

四、注意点

(1) 偏移图线前应分解矩形。

(2) 复制圆时采用夹点移动、复制编辑的方法。

(3) 注意弹簧的规定画法，右边上下两处为半圆。

实例三　推力球轴承

一、图例

本实例绘制图 5-5 所示图形。

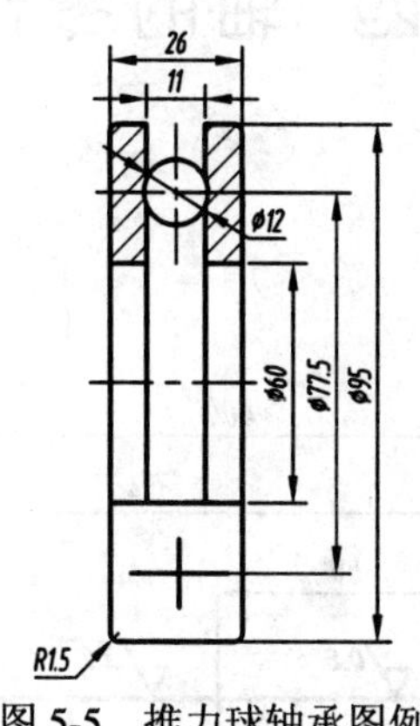

图 5-5　推力球轴承图例

二、知识点

(1) 矩形的画法、图形的偏移、修剪命令以及图案填充方法。

(2) 熟悉推力球轴承的规定画法。

三、作图步骤

(1) 下拉菜单：绘图→矩形，画出倒圆角的矩形，如图 5-6(a)所示。

(2) 绘制轴承的水平、铅垂中心线。将水平中心线上、下偏移，确定圆的中心位置及内圈位置线。将垂直中心线左、右偏移并修剪图形。如图 5-6(b)所示。

(3) 绘制 $\phi 12$ 的圆及下半部简化画法，修剪图形，如图 5-6(c)所示。

(4) 进行图案填充，如图 5-6(d)所示。

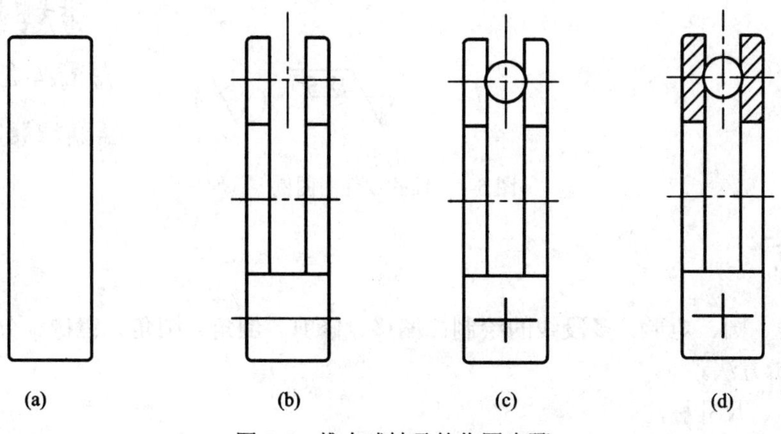

图 5-6　推力球轴承的作图步骤

四、注意点

(1) 画圆时，打开对象捕捉，捕捉交点。

(2) 将中心线偏移后，应将内圈线的“点画线”层更改到“轮廓线”层。

实例四　轴的零件图

一、图例

本实例绘制图 5-7 所示图形。

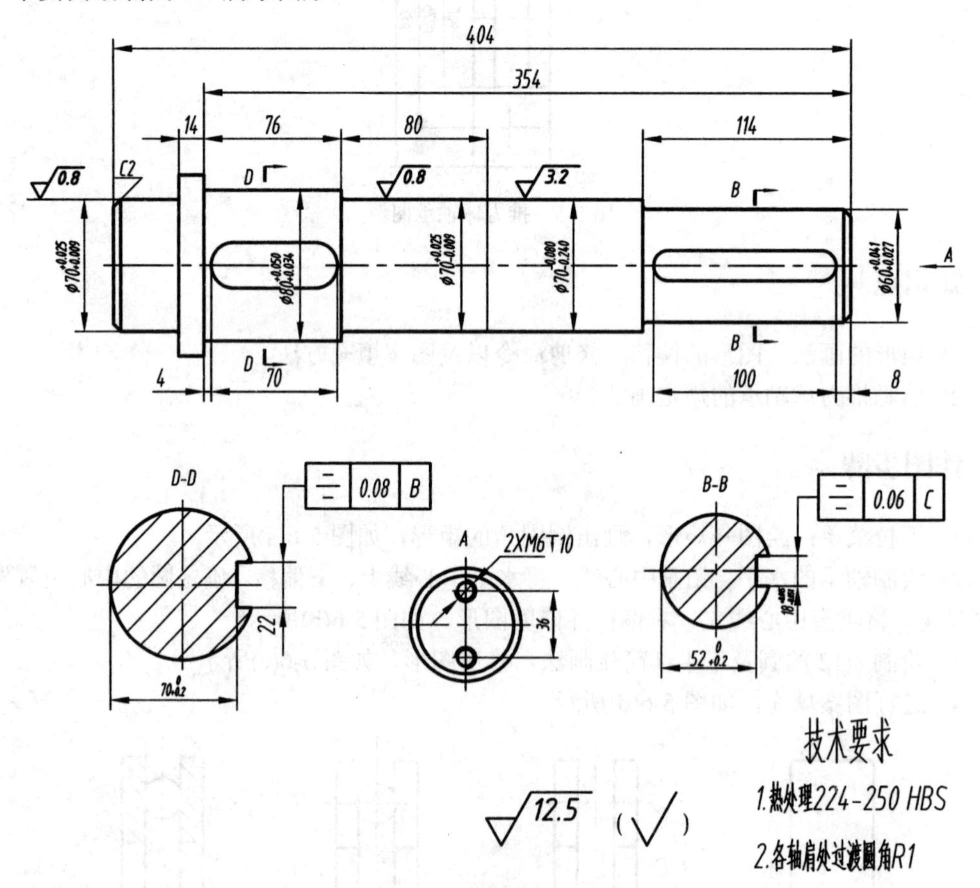

图 5-7　轴的零件图图例

二、知识点

(1) 直线、圆、矩形、多段线的绘制；偏移、修剪、倒角、圆角、镜像、分解等编辑命令；夹点编辑方法。

(2) 文本、尺寸标注。

(3) 定义带属性的图块，插入带属性的图块，编辑图块属性。

三、作图步骤

(1) 下拉菜单：绘图→矩形，绘制五个矩形，将其分解；利用夹点编辑方法将各个矩形移到相邻的中点处，如图 5-8(a)所示。

(2) 捕捉中点，绘制轴的轴线；两端分别倒角 C2，对轴肩倒 R1 圆角，如图 5-8(b)所示。

(3) 按尺寸绘制出左、右两段轴上的键槽，如图 5-8(c)所示。

(4) 绘制出 D–D、B–B 断面图和 A 向局部视图，进行图案填充，如图 5-8(d)所示。

(5) 设置文本样式、标注样式，进行文本输入及尺寸标注。

(6) 将表面结构符号及基准符号设置成带有属性的图块，插入带属性的图块。绘图结果参见图 5-7。

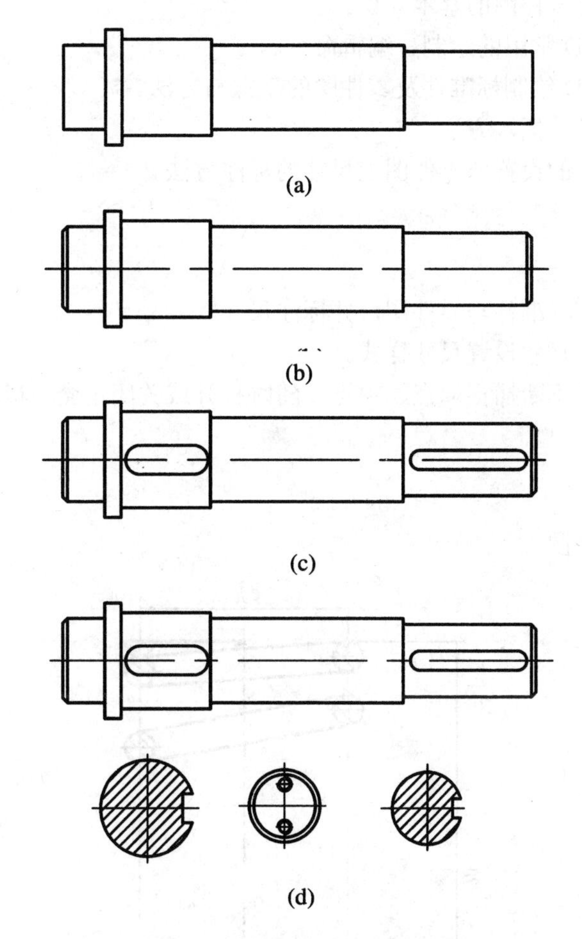

图 5-8　轴的零件图的作图步骤

四、注意点

(1) 绘制键槽时，倒圆角的半径设置为 0。

(2) 设置尺寸样式时，尺寸标注中的字体选择“gbeitc.shx”样式。

(3) 标注断面图时，可采用“多段线”命令下的“宽度”选项绘制剖切符号和箭头。

(4) 在设置带有属性的图块时，为了避免不必要的重复工作，可用 Wblock 保存图块。

(5) 创建“公差”标注样式时，调出“新建标注样式”对话框，在公差格式中选择极限偏差。

(6) 标注形位公差时，在“形位公差”对话框中进行各项选择。

实训练习五　标准件与零件图的绘制

一、练习目的

(1) 掌握标准件及零件图的基本知识。

(2) 掌握 AutoCAD 常用的绘制、编辑命令。

(3) 掌握应用 CAD 绘制标准件及零件图的步骤与方法。

(4) 熟悉块的定义、插入方法。

(5) 掌握尺寸样式的设置和零件图上尺寸的标注方法。

二、练习要求

(1) 参照图例绘制标准件与零件图，并标注尺寸。

(2) 根据图中所示尺寸设置尺寸样式。

(3) 注意绘图时要不断捕捉端点、中点及随时打开或关闭正交、极轴等模式。

三、练习图例

(1) 画出弹簧零件图。

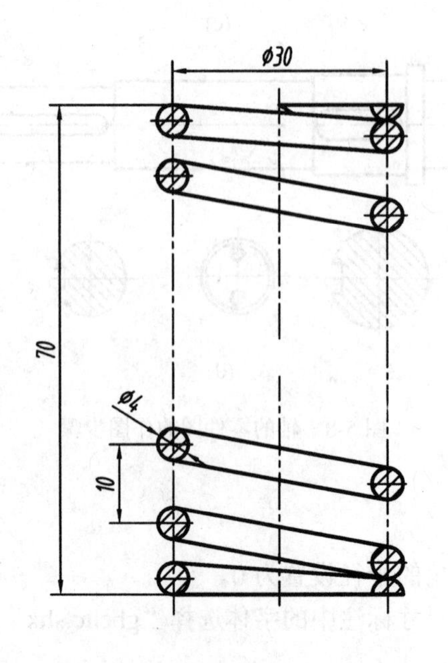

(2) 画出齿轮零件图。

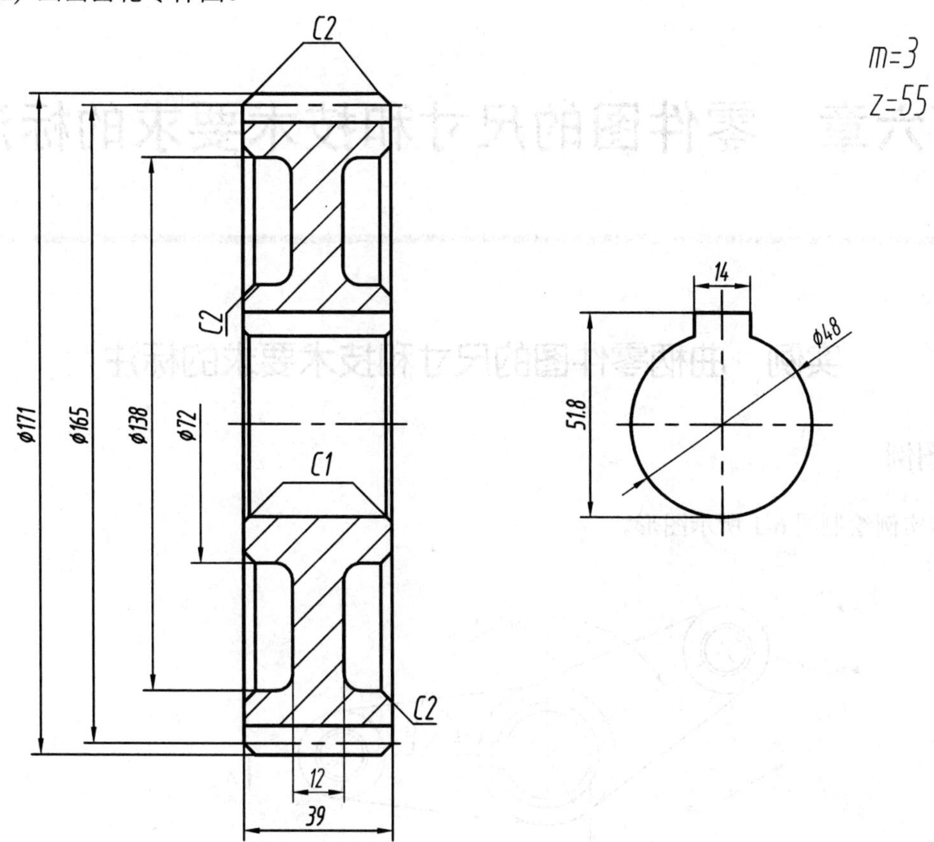

(3) 画出向心轴承零件图。

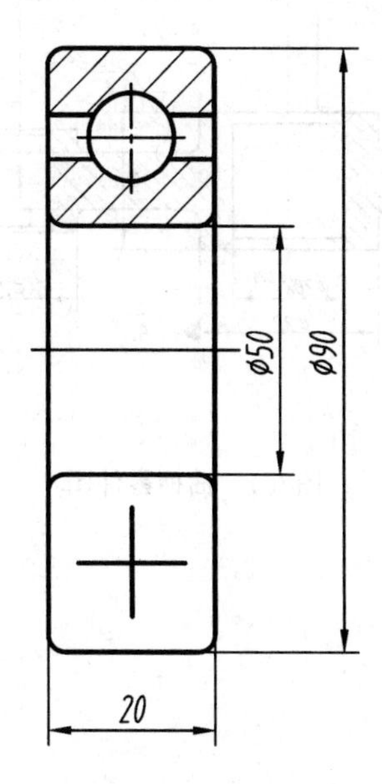

第六章　零件图的尺寸和技术要求的标注

实例　曲柄零件图的尺寸和技术要求的标注

一、图例

本实例绘制图 6-1 所示图形。

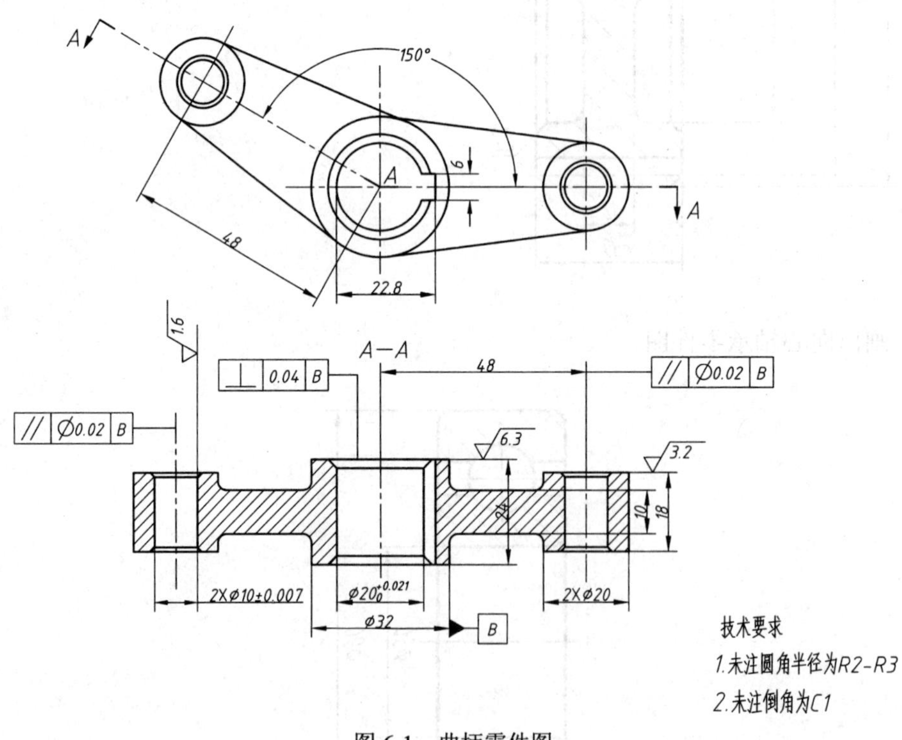

图 6-1　曲柄零件图

二、知识点

(1) 设置尺寸标注样式。

(2) 零件图的尺寸标注。

(3) 零件图的技术要求标注。

三、作图步骤

(1) 打开存有零件图的文件或者画出零件图。

(2) 设置文字样式。

下拉菜单：格式→文字样式，打开“文字样式”对话框，单击 新建(N)... 按钮。打开“新建文字样式”对话框，在该对话框的“样式名”文本框中输入“尺寸标注字体”，单击 确定 按钮，如图 6-2 所示，返回“文字样式”对话框。

图 6-2 “新建文字样式”对话框

(3) 在“文字样式”对话框中，选中“尺寸标注字体”，在“字体”下的“字体名”下拉列表框中选择“gbeitc.shx”选项，用于标注斜体数字和字母。

(4) 选中“使用大字体”复选框，在“大字体”下拉列表框中选择“gbcbig.shx”选项，用于标注符合国标的中文字体。在此对话框中，还可以设置文字高度等。然后单击 应用(A) 按钮，单击 关闭(C) 按钮，保存设置并关闭对话框，如图 6-3 所示。

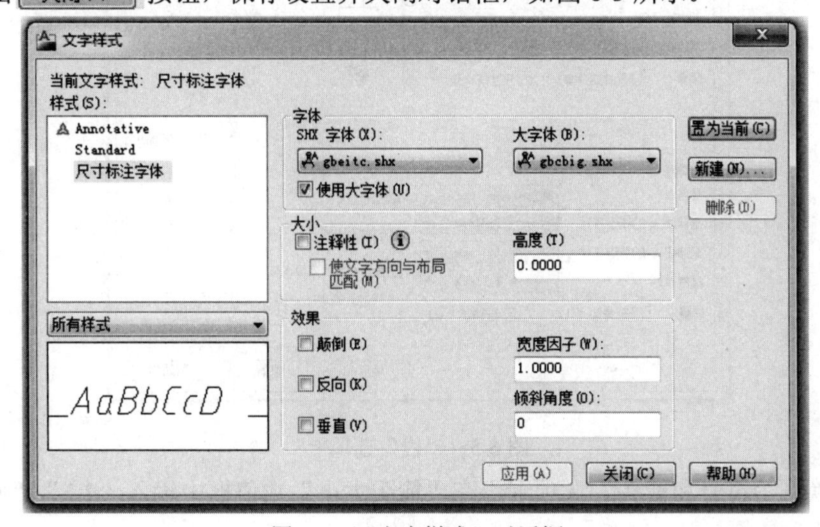

图 6-3 “文字样式”对话框

(3) 设置尺寸标注样式。

① 下拉菜单：格式→标注样式，打开“标注样式管理器”对话框，单击 新建(N)... 按钮。

② 打开“创建新标注样式”对话框，在“新样式名”文本框中输入“线性尺寸”，单击 继续 按钮，如图 6-4 所示。

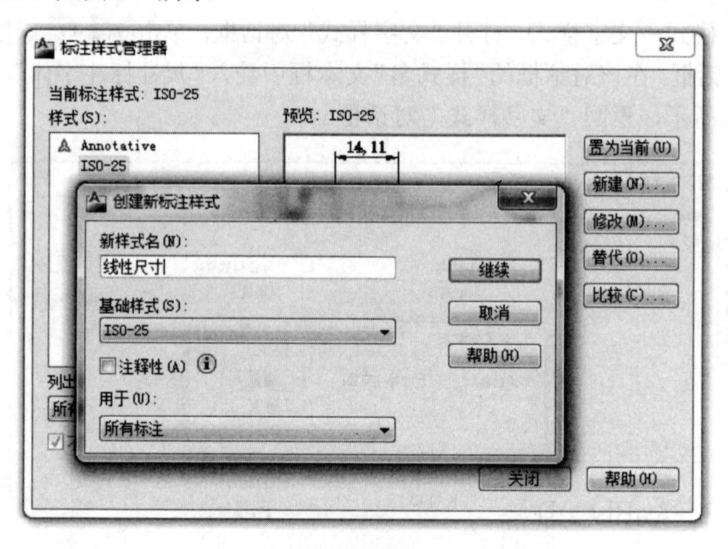

图 6-4 “创建新标注样式”对话框

③ 打开“新建标注样式：线性尺寸”对话框，默认打开“线”选项卡，在“超出尺寸线”数值框中输入“2”，在“起点偏移量”数值框中输入“0”，如图 6-5 所示。

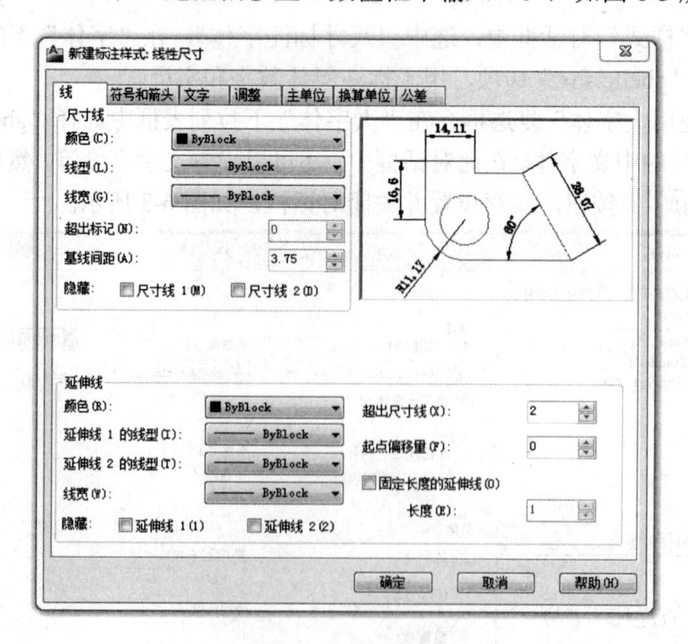

图 6-5 “线”选项卡

④ 切换到“符号和箭头”选项卡，在“箭头大小”数值框中输入“2.5”，“圆心标记”项选 “无”。

⑤ 切换到“文字”选项卡，在“文字外观”的“文字样式”下拉列表框中选中“尺寸标注字体”，在“文字高度”数值框中输入“3.5”，在“文字对齐”中选择“ISO标准”。

⑥ 切换到“调整”选项卡，在“调整选项”选择“调整”或“文字”均可。

⑦ 切换到“主单位”选项卡，在“线性标注”栏“精度”下拉列表框中选择“0”，单击[确定]按钮，返回“标注样式管理器”对话框，再单击[关闭]按钮。

用相同的方法设置“角度”标注样式，将“文字”标签下的“文字对齐”选为水平。最后设置名为“对称公差”的标注样式，切换到公差选项卡以后，在“公差格式”的“方式”下拉菜单中选择“对称”，在“精度”下拉菜单中选择“0.000”，在“上偏差”数值框中输入“0.007”。

(4) 标注尺寸。

① 依照上述方法，打开“标注样式管理器”对话框，将“线性尺寸”标注样式置为当前，用“线性”标注命令分别标注数值为“6”、“24”、“10”、“18”、“水平中心距48”、“$\phi32$”、“$2\times\phi20$”、“$\phi20_{0}^{+0.021}$”的尺寸。用“对齐”命令标注主视图上倾斜方向的中心距“48”。

② 将“角度”标注样式置为当前，用“角度”命令标注尺寸“150°”。

③ 将“对称公差”标注样式置为当前，标注尺寸“$2\times\phi10\pm0.007$”。

(5) 标注形位公差。

下拉菜单，标注→公差。打开“形位公差”对话框，单击“符号”栏下的■图块，打开“特征符号”对话框，单击//特征符号，如图6-6所示。返回“形位公差”对话框，单击“公差1”栏下的■特征符号，即可显示[Ø]公差符号，在该栏下的文本框中输入“0.02”，在“基准1”栏下的文本框中输入“B”。单击[确定]按钮，鼠标指定标注位置，完成形位公差[//|Ø0.02|B]的标注。用同样的方法完成垂直度为“0.04”的形位公差的标注。

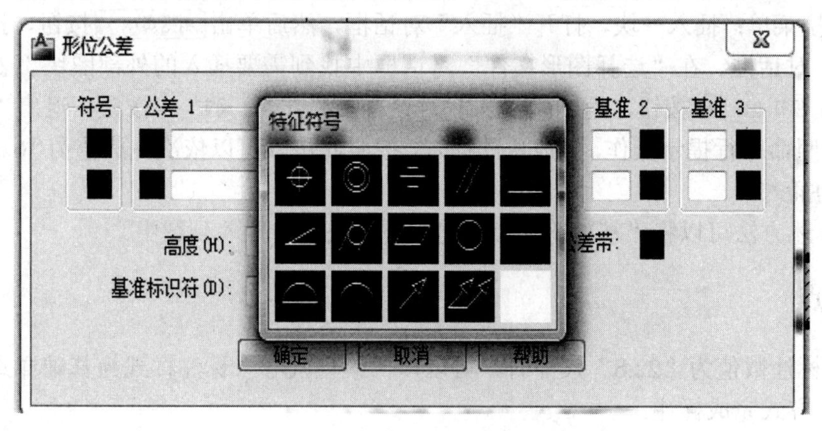

图6-6 “特征符号”对话框

(6) 表面结构的标注。

① 下拉菜单：绘图→块→定义属性，打开“属性定义”对话框。在“属性”下方“标记”栏后的文本框中输入“RA”，在“提示”栏后的文本框中输入“请输入表面结构的值”，在“默认”栏后的文本框中输入“1.6”，单击[确定]按钮，退出“属性定义”对话框，并按命令行提示操作完成对块属性的定义，如图6-7所示。

图 6-7 “属性定义”对话框

② 在命令行输入“wblock”命令，回车，打开“写块”对话框，把代表表面结构符号的图形创建为外部块。

③ 下拉菜单：插入→块，打开“插入”对话框，然后单击 浏览(B)... 按钮，打开“选择图形文件”对话框。在“选择图形文件”对话框中找到需要插入的外部图块“表面结构符号”，单击 打开(O) 按钮，返回“插入”对话框，点击 确定 按钮，退出“插入”对话框，并按照命令行提示操作，完成块的插入。按照此步骤可以依次完成值为“6.3”和“3.2”两个符号的插入。

按照上述方法可以将“基准符号”创建为外部块，并插入到图中。

四、注意点

(1) 在标注数值为“22.8”尺寸时，可以以“线性尺寸”标注样式为基础样式，采用样式“替代”方式完成标注。

(2) $\phi 20_{0}^{+0.021}$ 尺寸中的极限偏差在标注时可以通过文字堆叠来实现。

(3) 标注形位公差之前应先设置好“多重引线”格式。

(4) 在插入带属性的块时，“插入”对话框中的“分解”复选框不应选中，否则，命令行不提示更改属性值。

(5) 新图标中形位公差已改名为几何公差，但 AutoCAD 2011 软件中未改。

实训练习六　零件图的尺寸和技术要求的标注

一、练习目的

(1) 掌握零件图的基本知识。

(2) 掌握 AutoCAD 常用的绘图命令、编辑命令。

(3) 掌握文字样式的设置、尺寸样式的设置。

(4) 掌握尺寸标注方法、形位公差的标注方法。

(5) 熟悉外部块的创建、插入方法。

二、练习要求

(1) 参照图例绘制零件图。

(2) 根据图例所示设置文字样式。

(3) 根据图例标注尺寸、形位公差和表面结构。

(4) 根据图例进行文字输入。

(5) 绘图中正确使用精确绘图方法：夹点编辑功能、对象捕捉、正交模式和极轴追踪。

三、练习图例

(1) 绘制气门阀杆零件图并标注尺寸及技术要求。

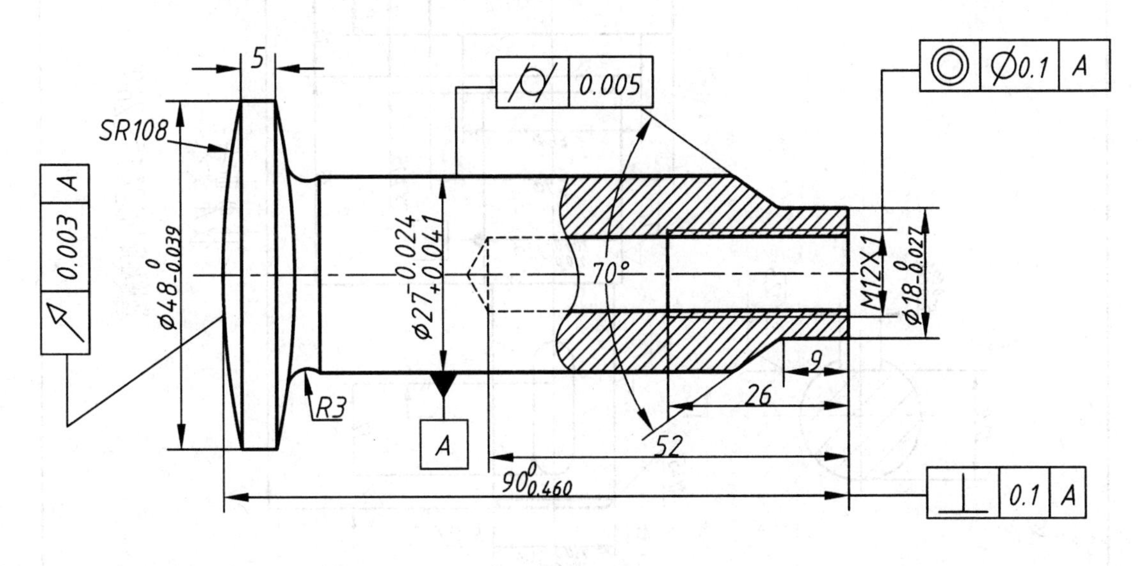

(2) 绘制蜗轮轴零件图并标注尺寸及技术要求。

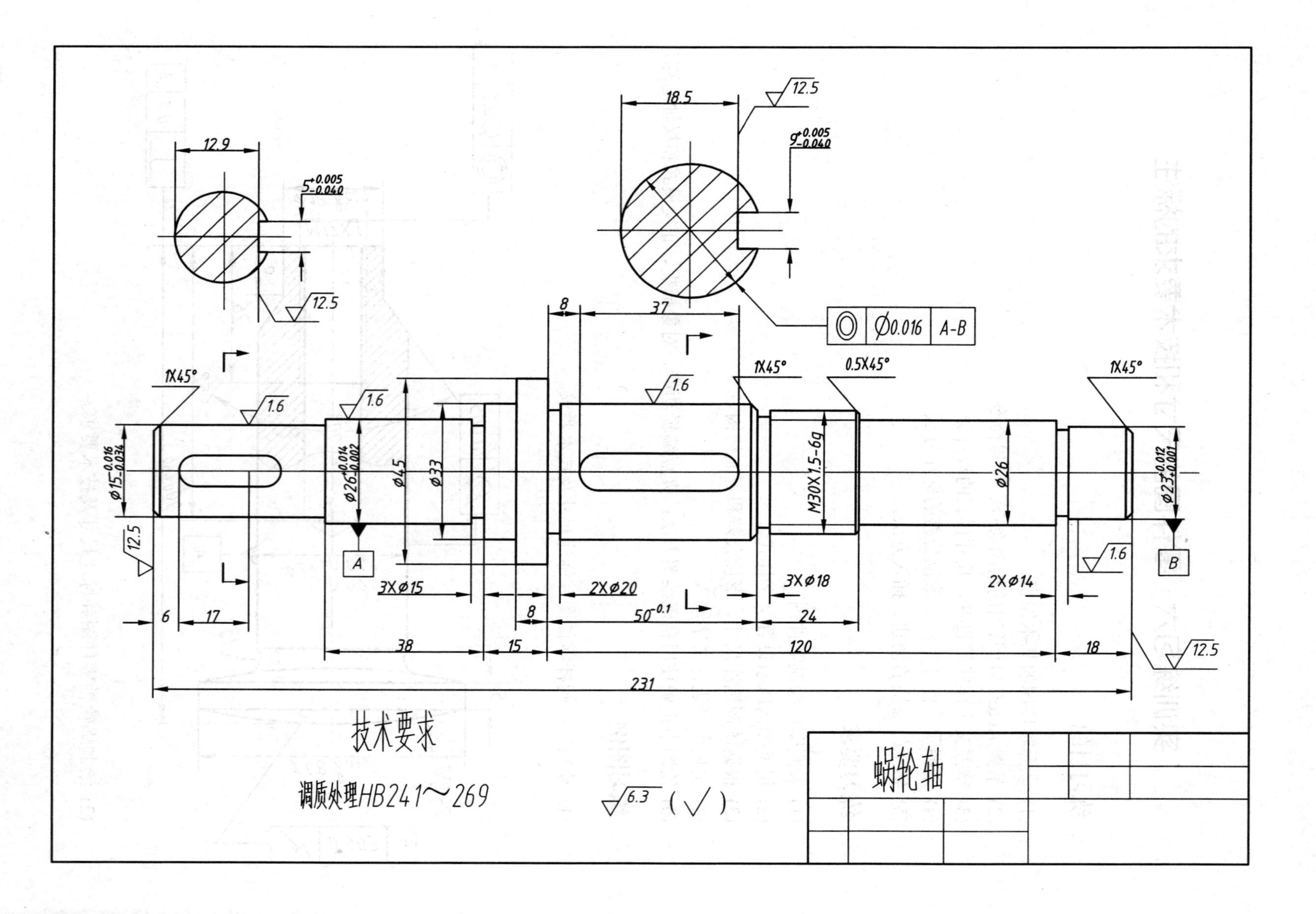
12.9
$5^{+0.005}_{-0.040}$
12.5
18.5
$9^{+0.005}_{-0.040}$
0.016 A-B
8
37
1X45°
0.5X45°
1.6
$Ø15^{-0.016}_{-0.034}$
$Ø26^{+0.014}_{+0.002}$
Ø45
Ø33
M30X1.5-6g
Ø26
$Ø23^{+0.012}_{+0.001}$
A
B
3XØ15
2XØ20
3XØ18
2XØ14
6
17
$50^{-0.1}$
24
38
15
120
18
231
技术要求
调质处理HB241～269
6.3 (√)
蜗轮轴

(3) 绘制法兰盘零件图并标注尺寸及技术要求。

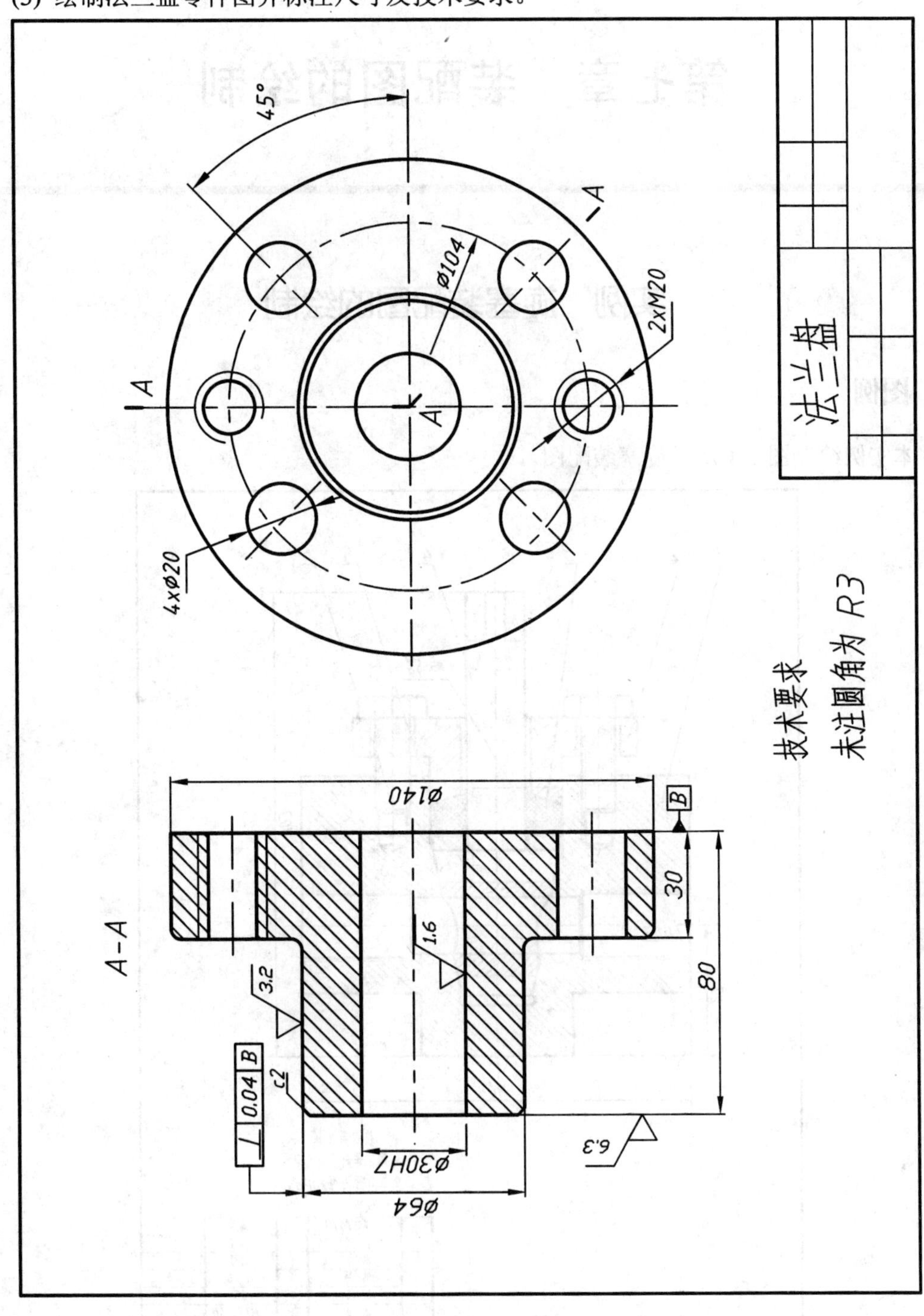

第七章　装配图的绘制

实例　旋塞装配图的绘制

一、图例

本实例绘制图 7-1 所示旋塞装配图。

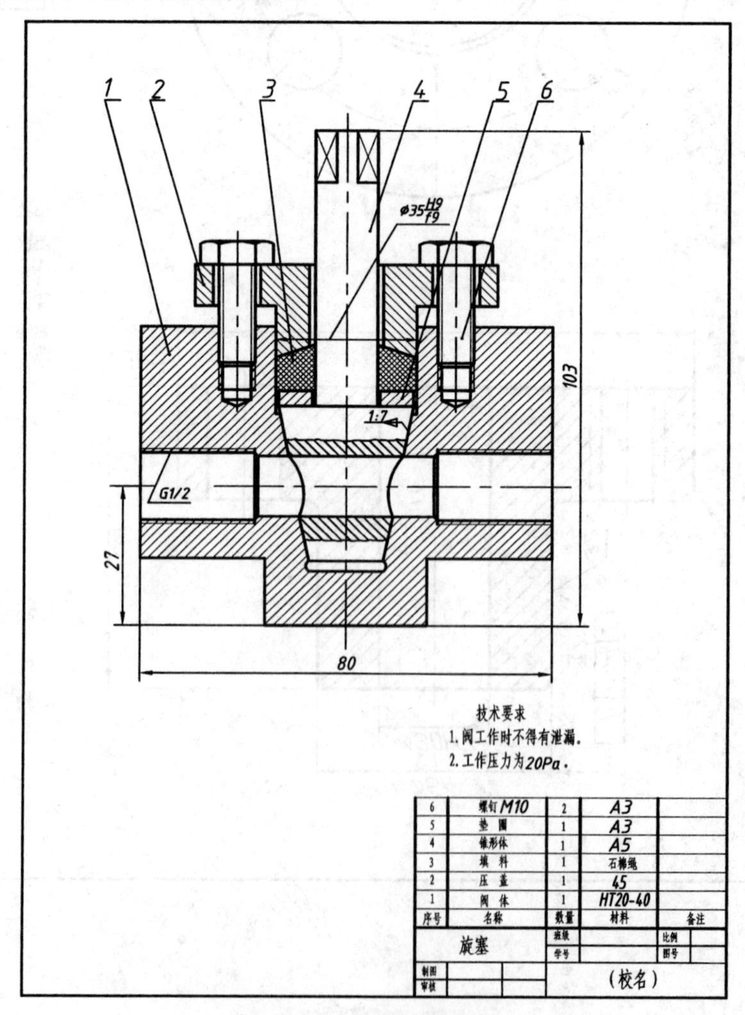

图 7-1　旋塞装配图图例

二、知识点

(1) 装配图的基本知识。

(2) 装配图的画法，零件图的画法。

(3) 图块的创建、插入方法。

(4) 图形的修剪。

(5) 装配图的尺寸标注、零件序号、明细表、标题栏的注写。

三、作图步骤

(1) 设置图层、图幅，看懂“旋塞”装配图，了解其工作原理及各零件之间的装配连接关系。

(2) 绘制零件图：1—阀体、2—压盖、3—填料、4—锥形体、5—垫圈、6—螺钉，如图7-2(a)、(b)、(c)、(d)、(e)、(f)所示。将 2、3、4、5、6 号零件的序号作为块名，分别将这些零件定义成块。

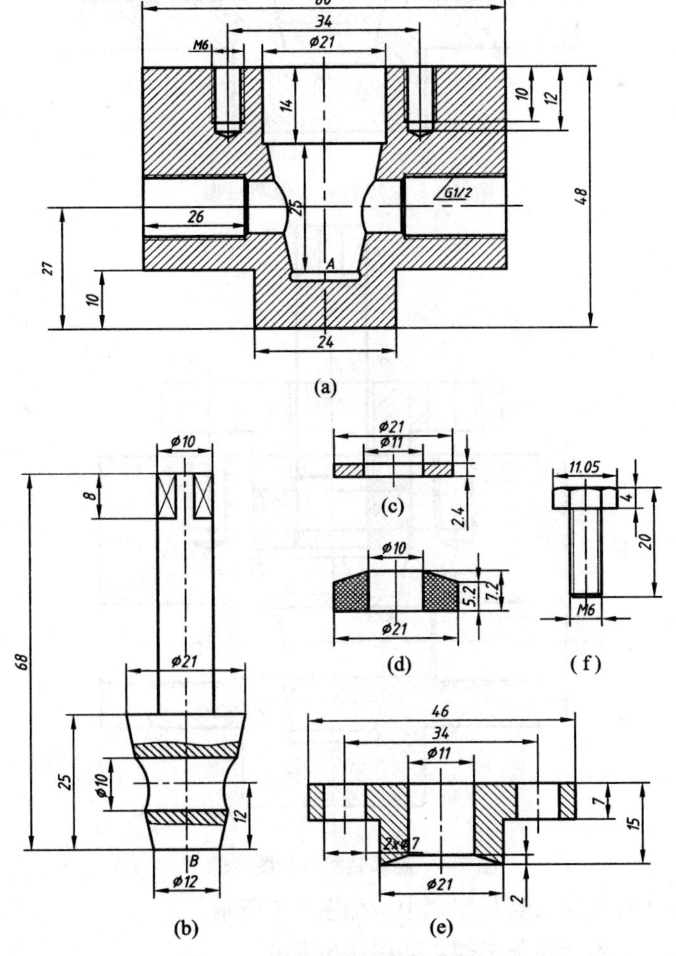

图 7-2　旋塞装配图作图步骤一

(3) 将块名为 4 的锥形体插入到 1 号零件阀体中，锥形体中的插入基准点为图 7-2(b)中的 B 点，插入到阀体中的插入点为图 7-2(a)中的 A 点，插入后 A、B 点重合，如图 7-3 所示。

(4) 用与上面相同的方法将图块 5、3、2 按装配关系逐步插入，如图 7-4 所示。

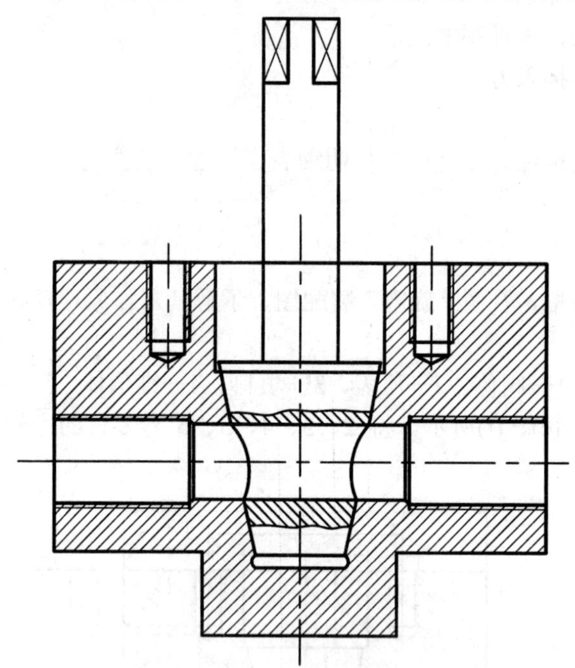

图 7-3　旋塞装配图作图步骤二

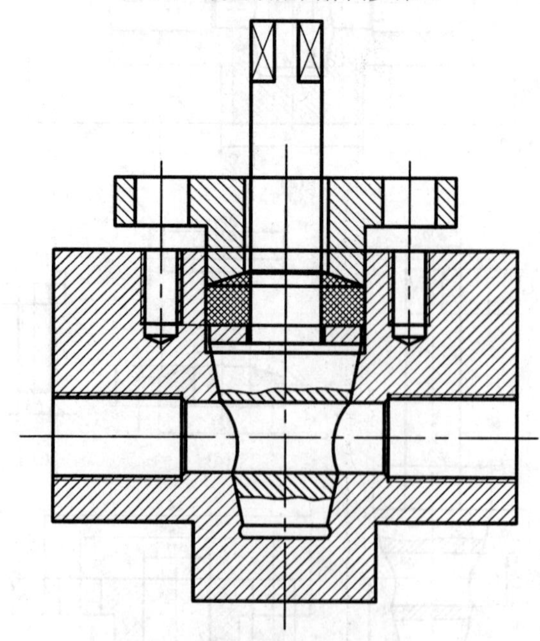

图 7-4　旋塞装配图作图步骤三

(5) 将图块 6 分两次插入到装配体中，如图 7-5 所示。

(6) 修剪图形，将多余线条去掉，如图 7-6 所示。

(7) 完成尺寸、序号、明细表、标题栏的注写。序号的注写可通过先画引出线后注写数字的方式进行，明细栏的表格可用直线偏移及修剪方法绘制。也可将标题栏定义为块插入，或者用表格绘制方法完成。完成后的装配图如图 7-1 所示。

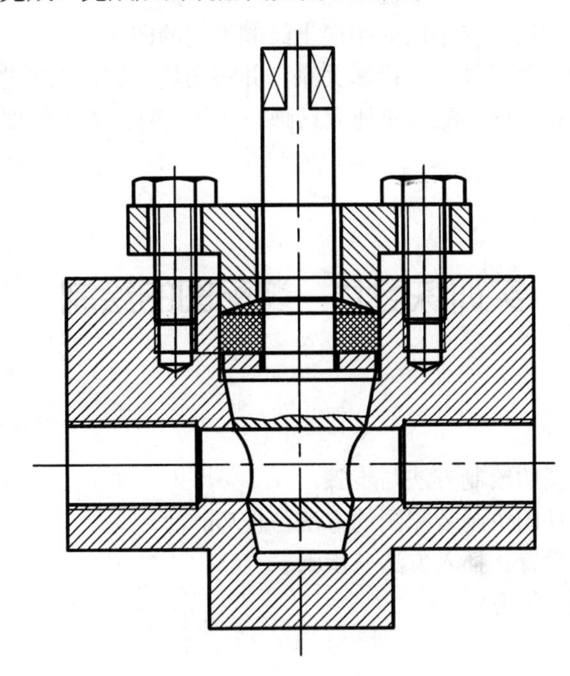

图 7-5　旋塞装配图作图步骤四

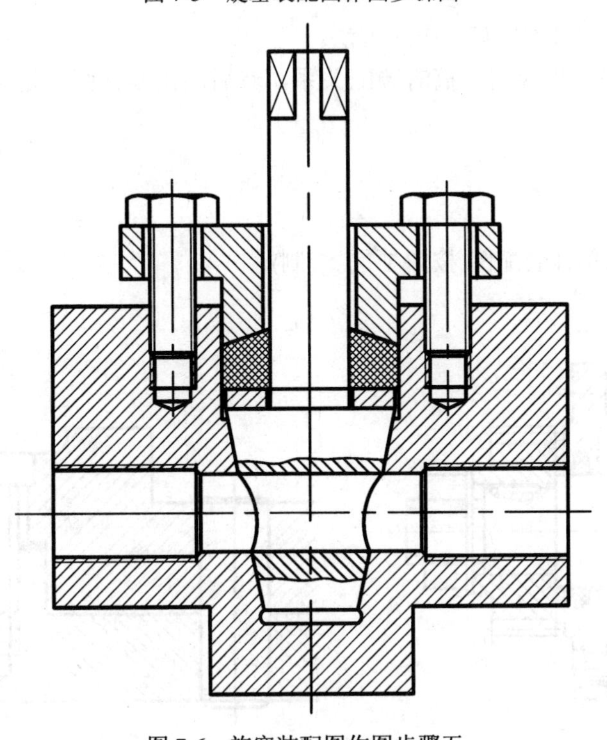

图 7-6　旋塞装配图作图步骤五

四、注意点

(1) 绘图时要选择对象捕捉，捕捉端点、交点、中点。

(2) 要按需要设置图层，在不同的图层上绘制不同的图线。

(3) 插入零件图后，要仔细分析投影关系，并将图块分解，以便修剪多余的图线。

(4) 两相邻零件的接触面、配合面处应只画一条线，两相邻零件剖面线应画成方向不同或间隔不等的形式。

实训练习七　装配图的绘制

一、练习目的

(1) 熟练掌握装配图的绘制方法与步骤。

(2) 熟练掌握由零件图拼画装配图的方法与技巧。

(3) 熟练掌握块的设置、插入方法与步骤。

(4) 练习装配图的编辑方法。

二、练习要求

(1) 掌握装配图的基本知识、表达方法。

(2) 画图前，先分析视图，搞清装配关系，然后画出零件图，定义为块后插入到装配体中。

三、练习图例

(1) 画出下面简单体装配图(按图 1∶1 绘制)。

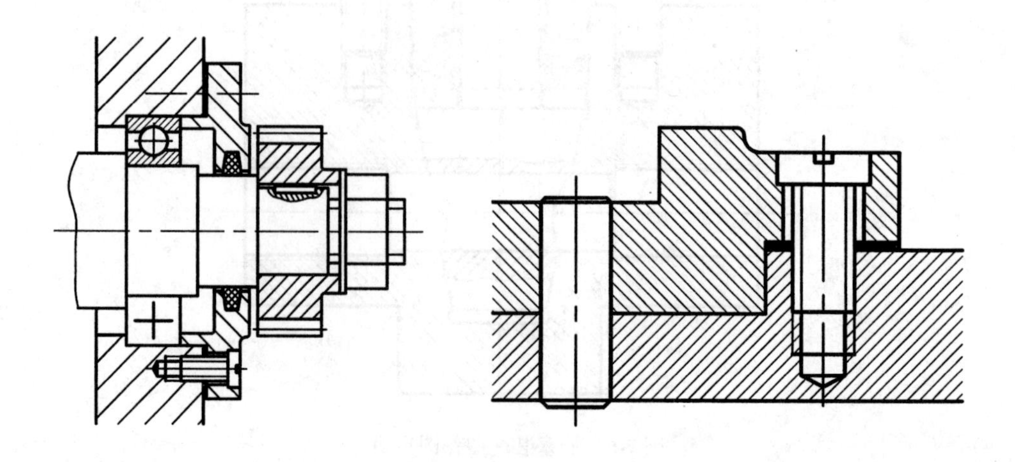

(2) 画出下列顶尖的零件图及装配图(按零件图尺寸 1∶1 绘制)。

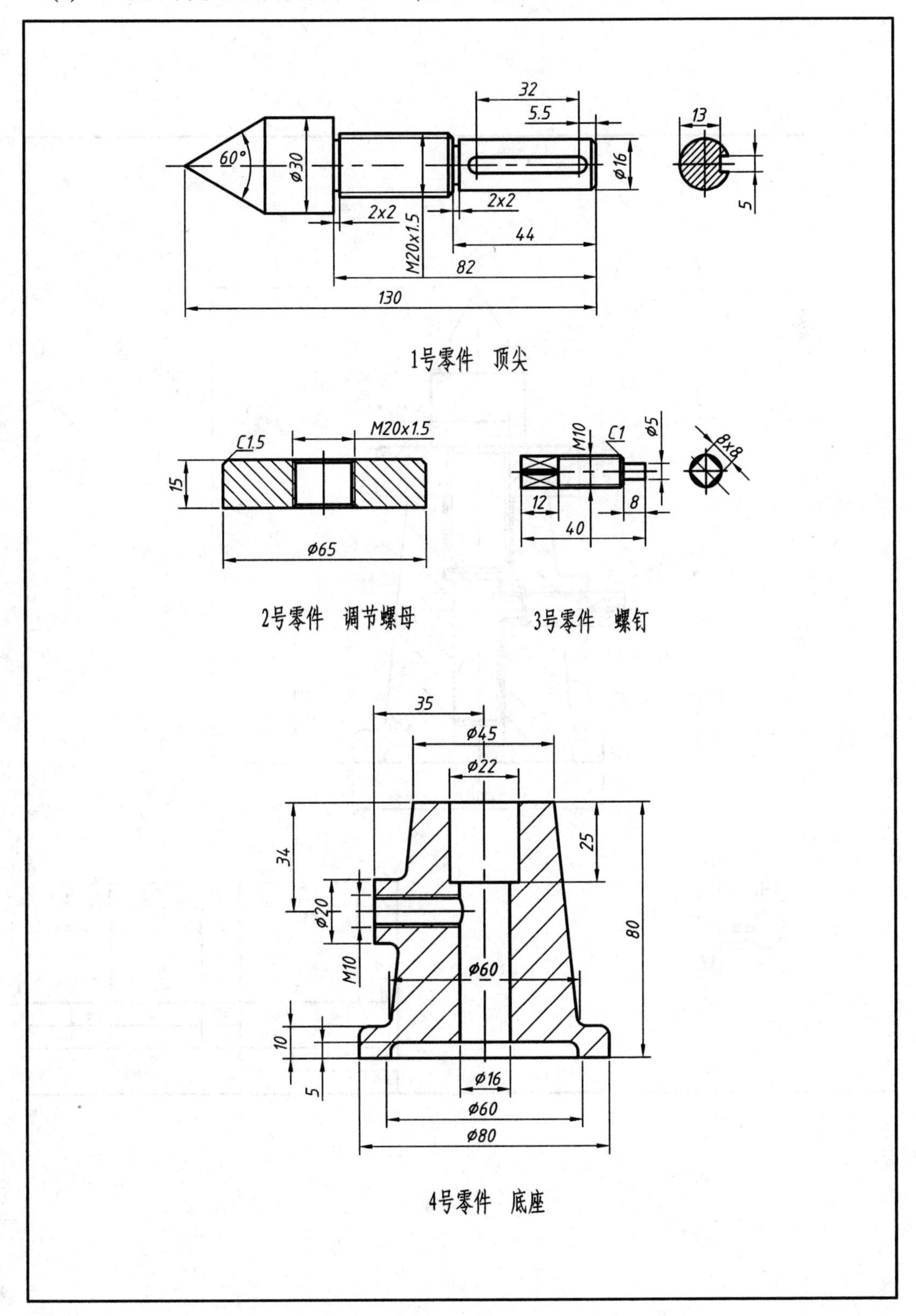

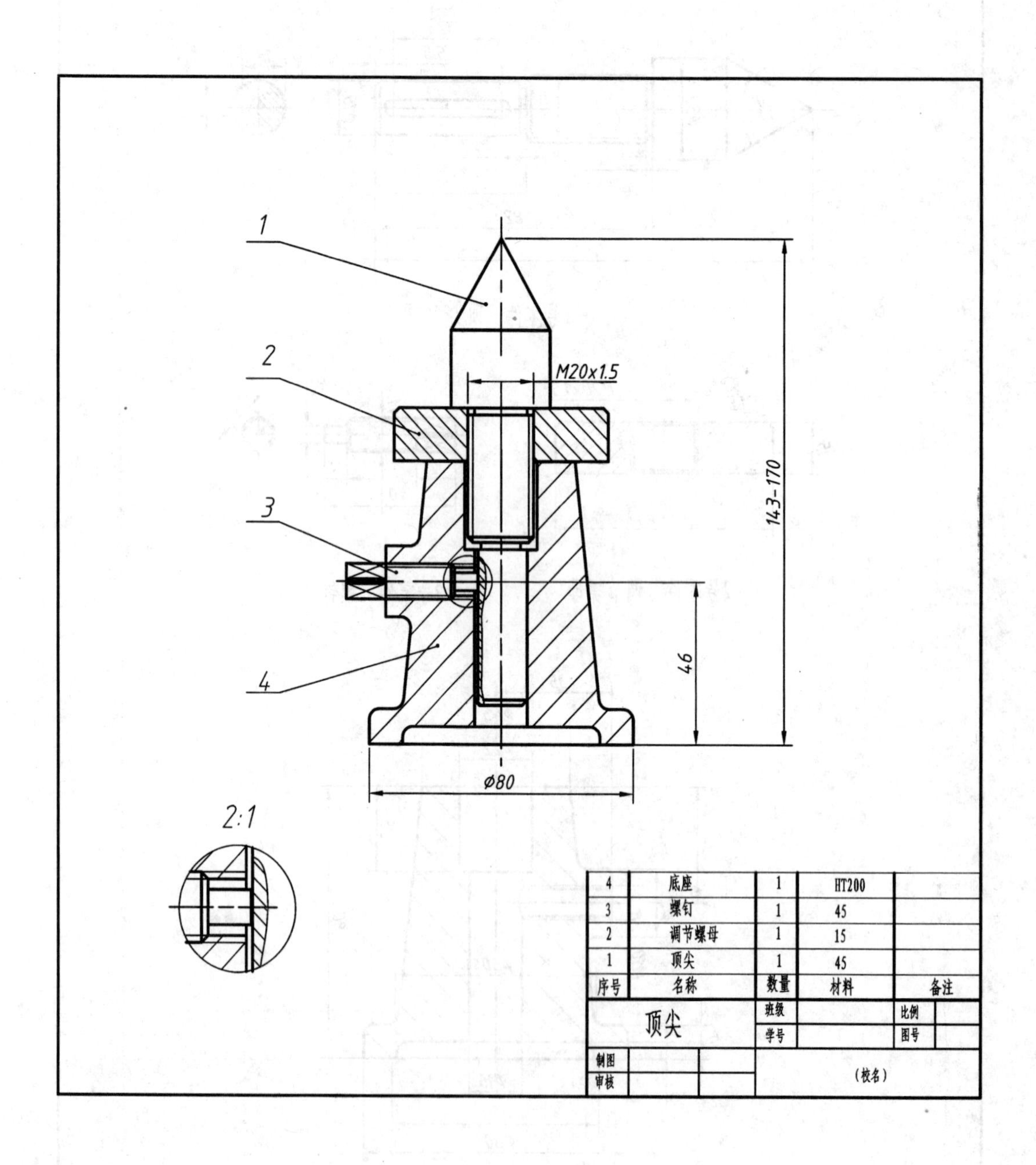

4	底座	1	HT200	
3	螺钉	1	45	
2	调节螺母	1	15	
1	顶尖	1	45	
序号	名称	数量	材料	备注

顶尖	班级		比例	
	学号		图号	
制图			（校名）	
审核				

(3) 画出下列安全阀的零件图及装配图(按零件图尺寸 1∶1 绘制)。

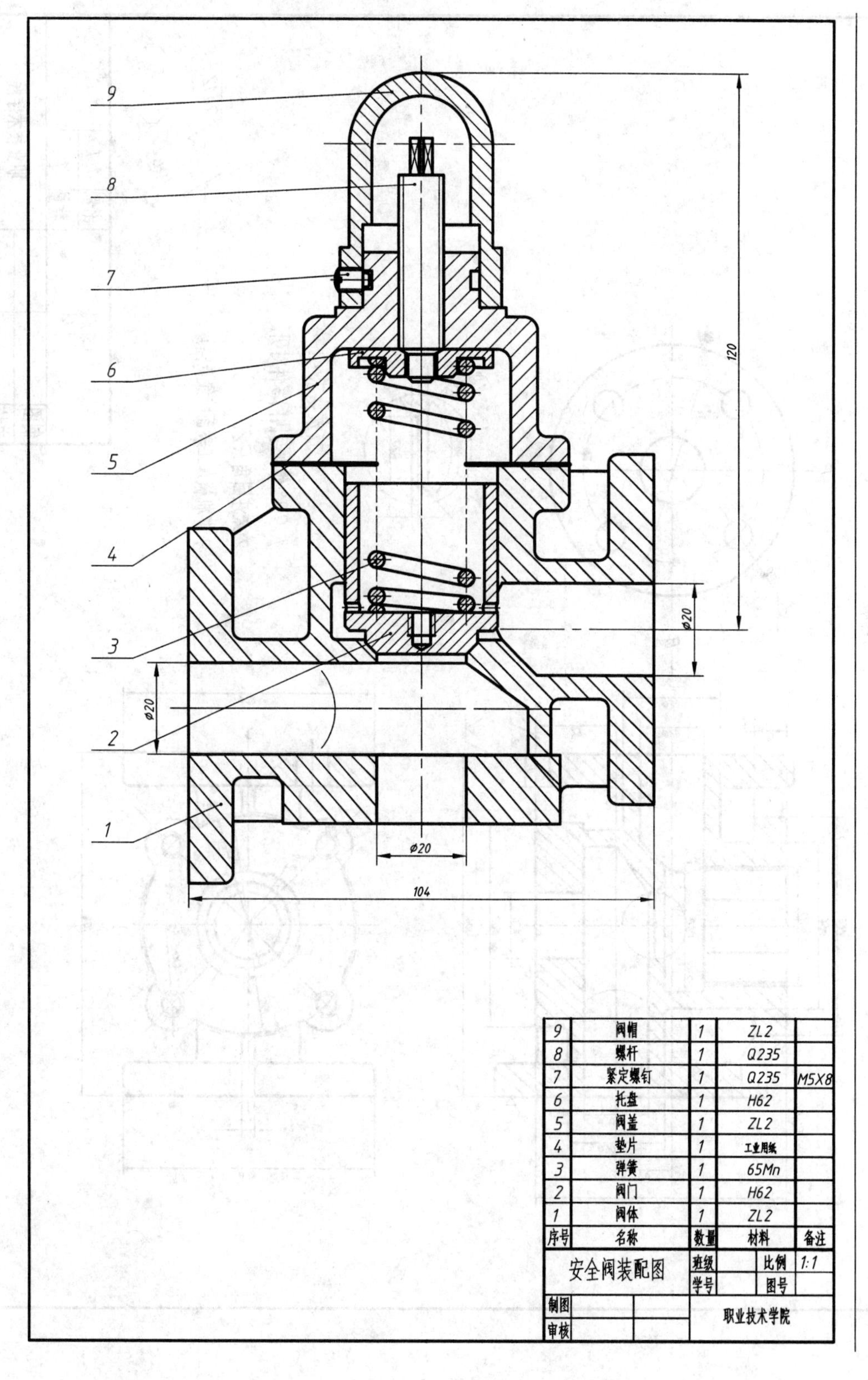

9	阀帽	1	ZL2	
8	螺杆	1	Q235	
7	紧定螺钉	1	Q235	M5X8
6	托盘	1	H62	
5	阀盖	1	ZL2	
4	垫片	1	工业用纸	
3	弹簧	1	65Mn	
2	阀门	1	H62	
1	阀体	1	ZL2	
序号	名称	数量	材料	备注

安全阀装配图	班级		比例	1:1
	学号		图号	
制图			职业技术学院	
审核				

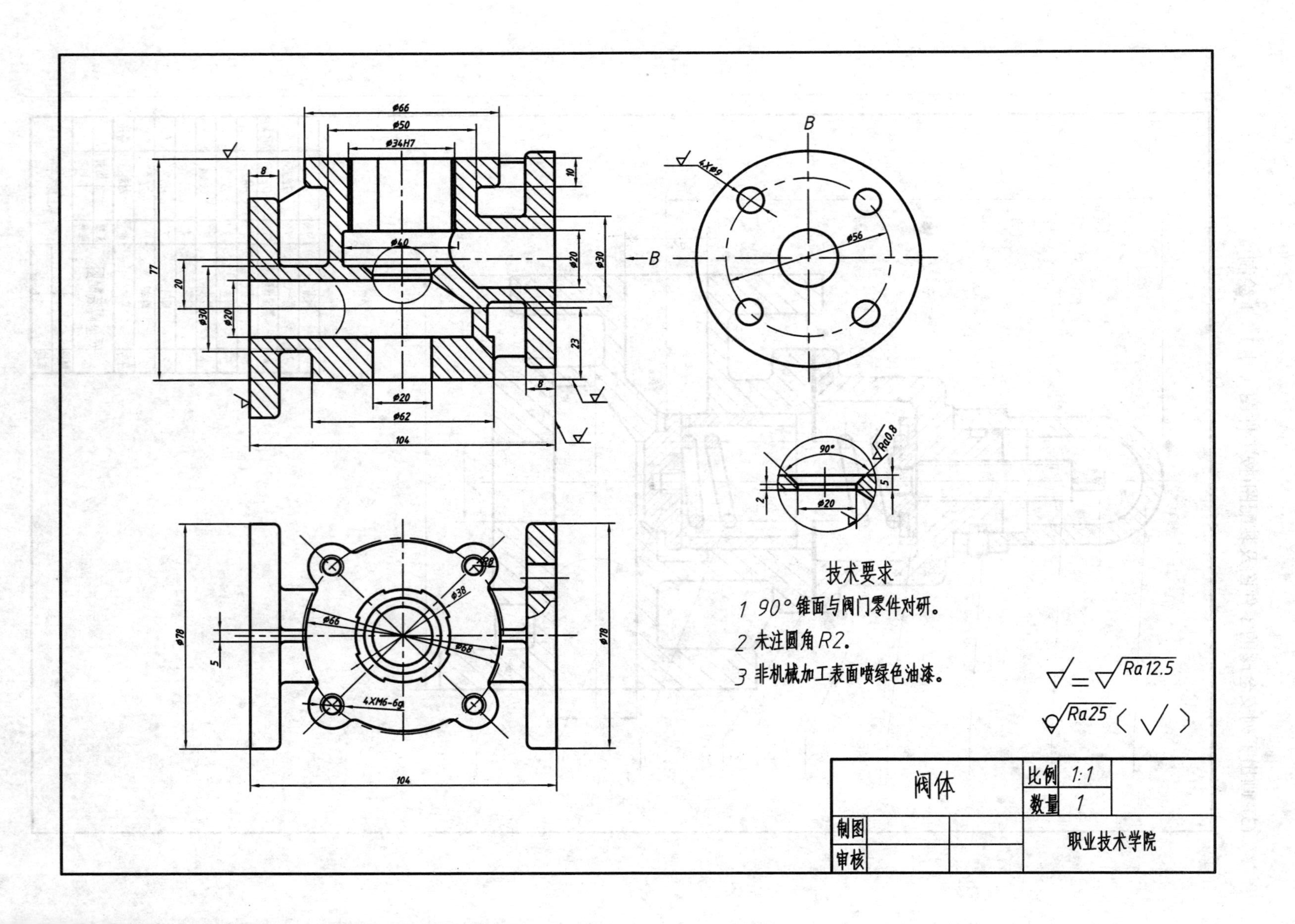

φ66
φ50
φ34H7
φ40
8
10
77
20
φ30
φ20
23
φ62
104
B
-B
4Xφ9
φ56
90°
Ra0.8
5
2
φ20
φ38
φ66
φ68
φ78
4XM6-6g
技术要求
1 90°锥面与阀门零件对研。
2 未注圆角R2。
3 非机械加工表面喷绿色油漆。
Ra12.5
Ra25
阀体
比例 1:1
数量 1
制图
审核
职业技术学院

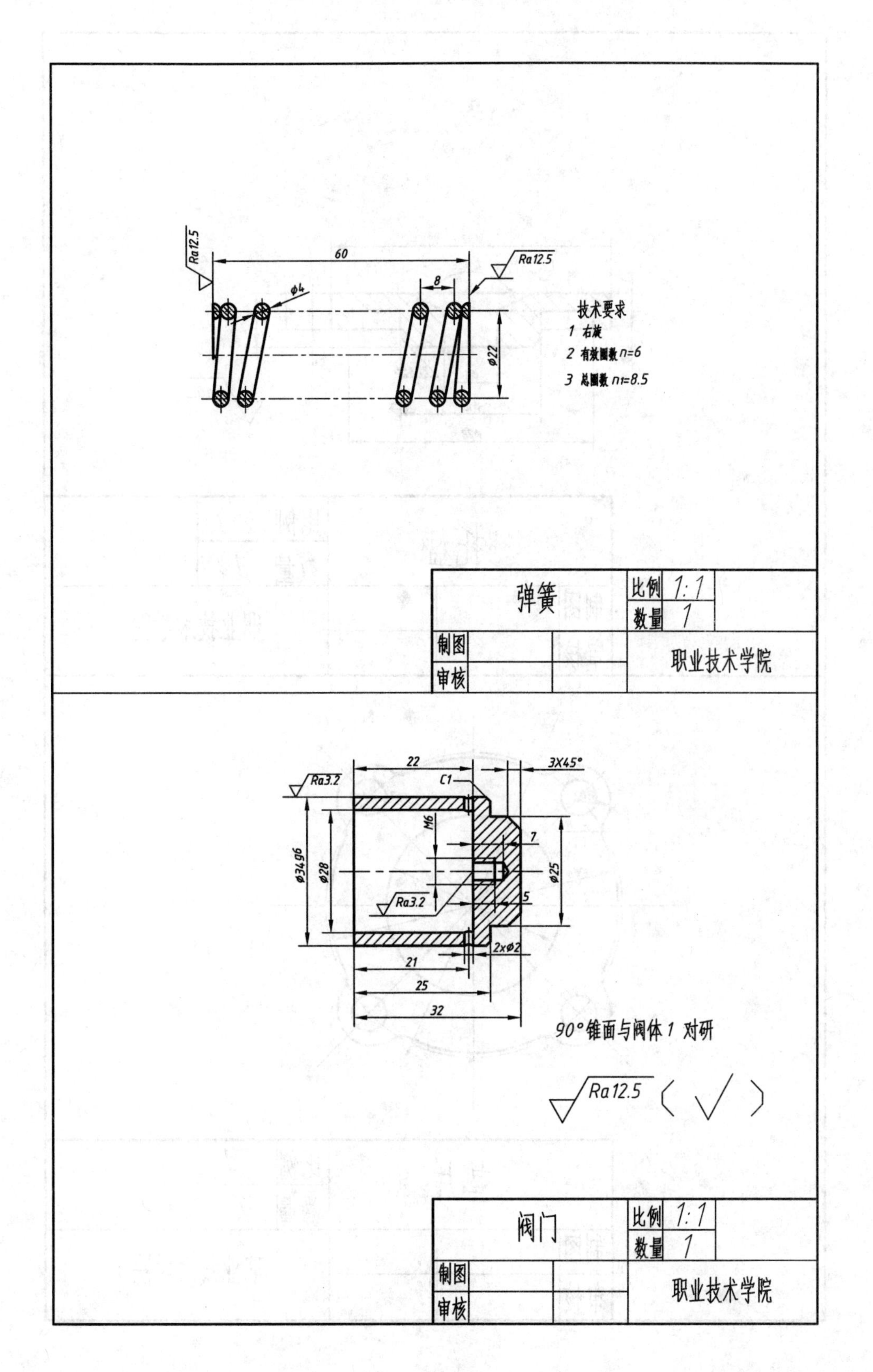
Ra12.5
60
8
Ra12.5
φ4
φ22
技术要求
1 右旋
2 有效圈数 n=6
3 总圈数 n1=8.5
弹簧
比例 1:1
数量 1
制图
审核
职业技术学院
22
3X45°
C1
Ra3.2
M6
7
φ34g6
φ28
φ25
Ra3.2
5
2xφ2
21
25
32
90°锥面与阀体 1 对研
Ra12.5 (√)
阀门
比例 1:1
数量 1
制图
审核
职业技术学院

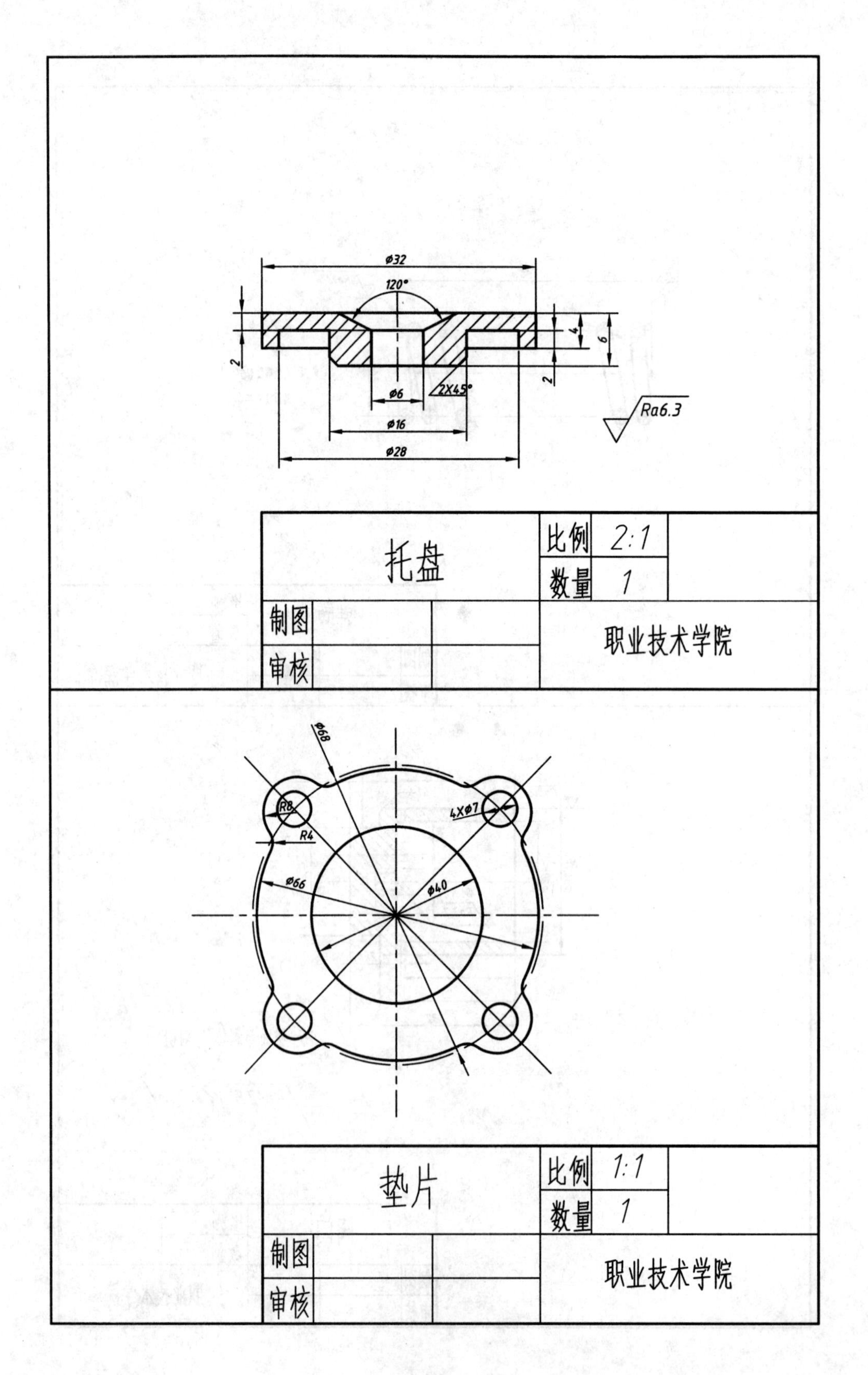

Ø32
120°
4
6
2
2
Ø6
2X45°
Ra6.3
Ø16
Ø28
托盘
比例
2:1
数量
1
制图
审核
职业技术学院
Ø68
R8
4XØ7
R4
Ø66
Ø40
垫片
比例
1:1
数量
1
制图
审核
职业技术学院

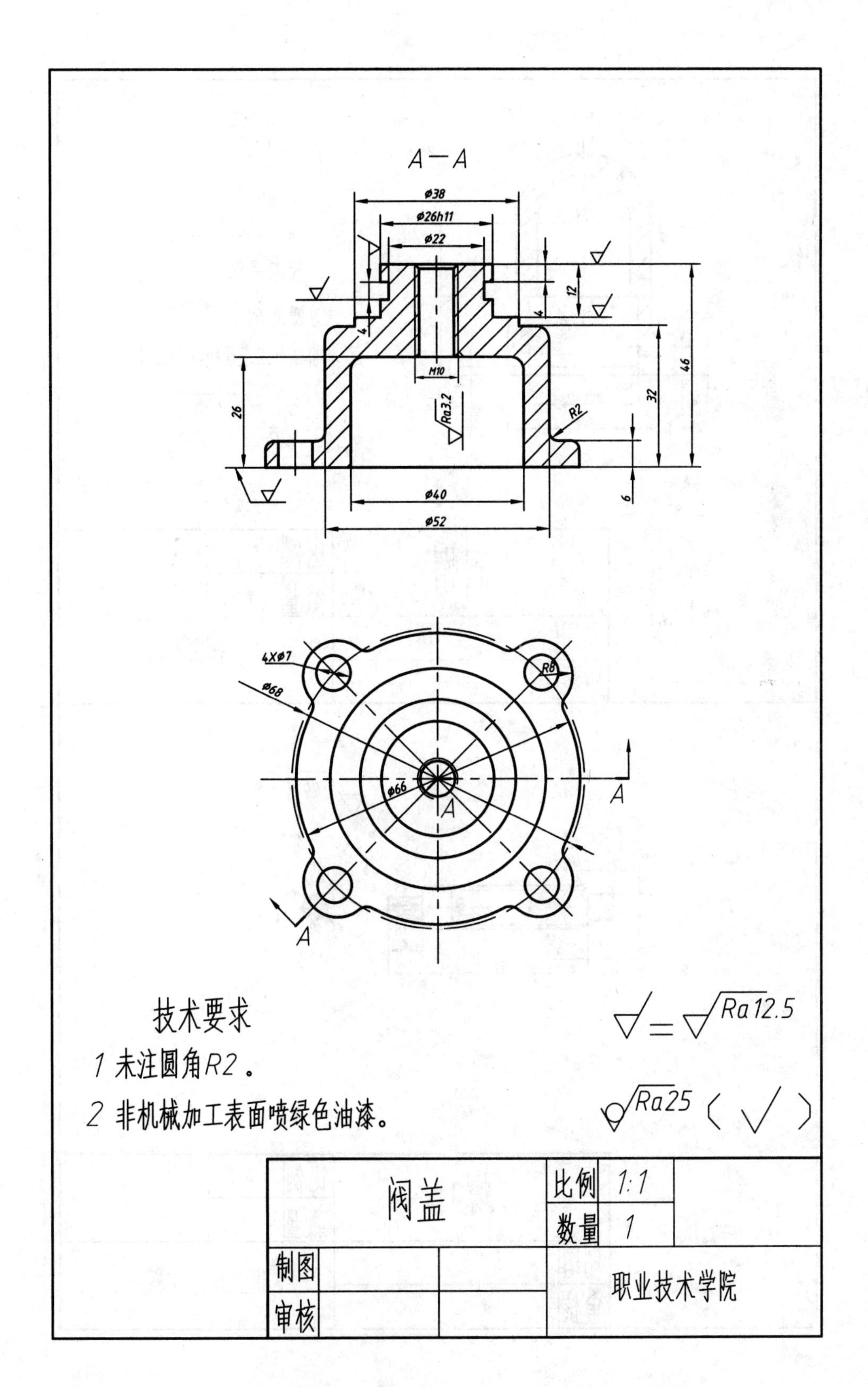
A—A
ϕ38
ϕ26h11
ϕ22
12
4
4
46
32
26
M10
Ra3.2
R2
6
ϕ40
ϕ52
4Xϕ7
ϕ68
R8
ϕ66
A
A
A
技术要求
1 未注圆角R2。
2 非机械加工表面喷绿色油漆。
= Ra12.5
Ra25 ( )
阀盖
比例
1:1
数量
1
制图
审核
职业技术学院

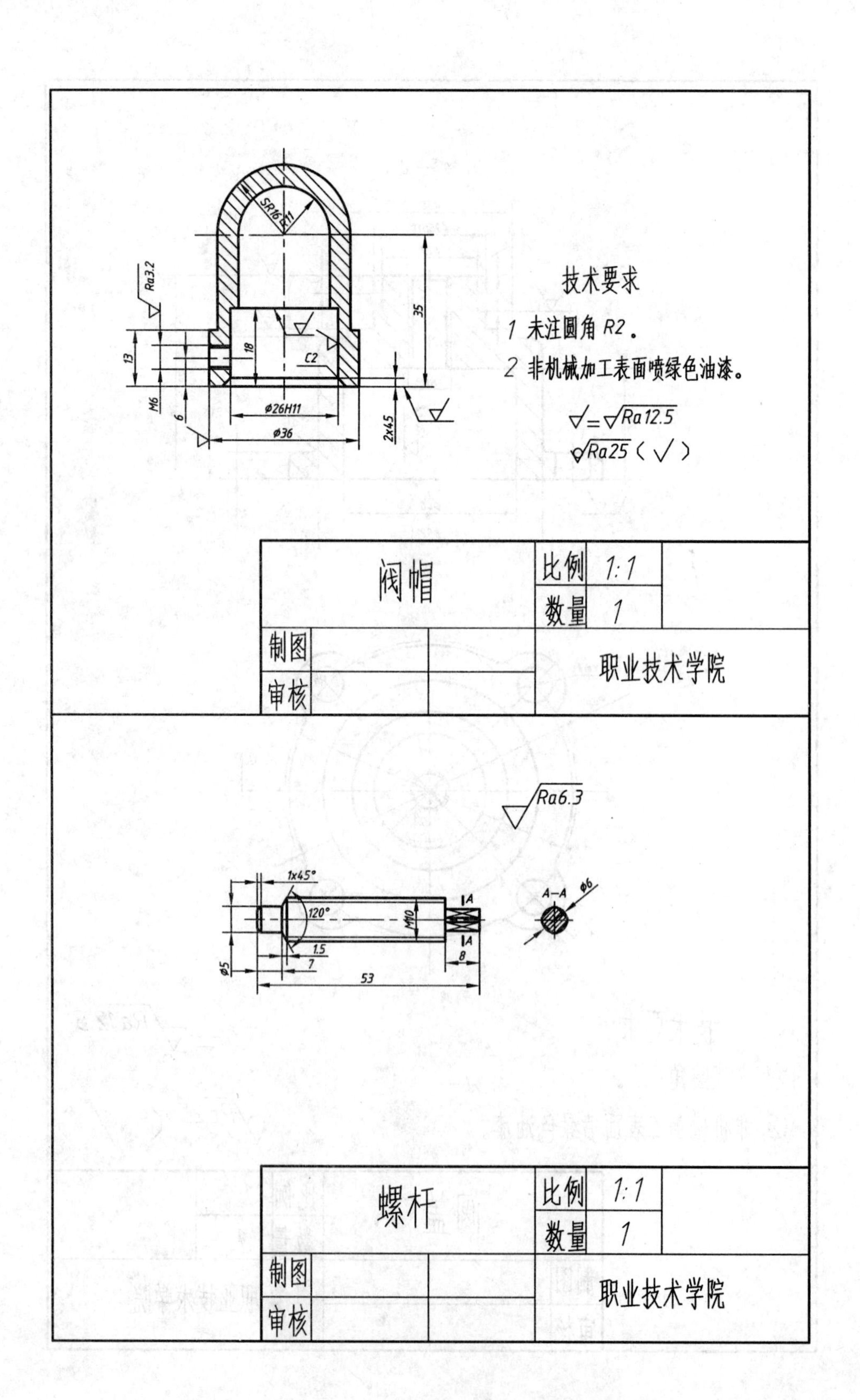
SR16
R11
Ra3.2
13
18
35
C2
M6
6
Ø26H11
Ø36
2x45
技术要求
1 未注圆角 R2。
2 非机械加工表面喷绿色油漆。
=Ra12.5
Ra25（√）
阀帽
比例 1:1
数量 1
制图
审核
职业技术学院
Ra6.3
1x45°
120°
M10
A
A-A
Ø6
Ø5
1.5
7
8
53
螺杆
比例 1:1
数量 1
制图
审核
职业技术学院

参 考 文 献

[1] 徐亚娥. AutoCAD 2006 上机指导与练习[M]. 西安：西安电子科技大学出版社，2007.

[2] 肖静. 精通 AutoCAD 2011 中文版 [M]. 北京：清华大学出版社，2011.

[3] 李志国，王磊. AutoCAD 2011 中文版机械设计案例实践 [M]. 北京：清华大学出版社，2011.

[4] 杨惠英，王玉坤. 机械制图习题集 [M]. 北京：清华大学出版社，2011.

[5] 刘宏. 工程制图与 AutoCAD 绘图 [M]. 北京：人民邮电出版社，2009.

[6] 龙飞. AutoCAD 2011 中文版超级自学手册 [M]. 北京：清华大学出版社，2011.